世界之美

宝 石

世界之美编委会　编著

中国大百科全书出版社

图书在版编目（CIP）数据

宝石 / 世界之美编委会编著 . -- 北京 ：中国大百科全书出版社，2025. 1. --（世界之美）. -- ISBN 978-7-5202-1830-6

Ⅰ. TS933.21-49

中国国家版本馆 CIP 数据核字第 2025DM6285 号

总 策 划：刘 杭 郭继艳
策划编辑：张会芳
责任编辑：李秀坤
责任校对：梁嬿曦
责任印制：王亚青
出版发行：中国大百科全书出版社有限公司
地 址：北京市西城区阜成门北大街 17 号
邮政编码：100037
电 话：010-88390811
网 址：http://www.ecph.com.cn
印 刷：唐山富达印务有限公司
开 本：710mm×1000mm 1/16
印 张：10
字 数：100 千字
版 次：2025 年 1 月第 1 版
印 次：2025 年 1 月第 1 次印刷
书 号：ISBN 978-7-5202-1830-6
定 价：48.00 元

总　序

　　这是一套面向大众、根植于《中国大百科全书》第三版（以下简称百科三版）的百科通俗读物。

　　百科全书是概要记述人类一切门类知识或某一门类知识的完备的工具书。它的主要作用是供人们随时查检需要的知识和事实资料，还具有扩大读者知识视野和帮助人们系统求知的教育作用，常被誉为"没有围墙的大学"。简而言之，它是回答问题的书，是扩展知识的书。

　　中国大百科全书出版社从1978年起，陆续编纂出版了《中国大百科全书》第一版、第二版和第三版。这是我国科学文化建设的一项重要基础性、标志性、创新性工程，是在百年未有之大变局和中华民族伟大复兴全局的大背景下，提升我国文化软实力、提高中华文化国际影响力的一项重要举措，具有重大的现实意义和深远的历史意义。

　　百科三版的编纂工作经国务院立项，得到国家各有关部门、全国科学文化研究机构、学术团体、高等院校的大力支持，专家、学者5万余人参与编纂，代表了各学科最高的专业水平。专家、作者和编辑人员殚精竭虑，按照习近平总书记的要求，努力将百科三版建设成有中国特色、有国际影响力的权威知识宝库。截至2023年底，百科三版通过网站（www.zgbk.com）发布了50余万个网络版条目，并陆续出版了一批纸质版学科卷百科全书，将中国的百科全书事业推向了一个新的高度。

　　重文修武，耕读传家，是我们中国人悠久的文化传承。作为出版人，我们以传播科学文化知识为己任，希望通过出版更多优秀的出版物来落实总书记的要求——推动文化繁荣、建设中华民族现代文明，努力建设中国式现代化强国。

为了更好地向大众普及科学文化知识，我们从《中国大百科全书》第三版中选取一些条目，通过"人居环境""科学通识""地球知识""工艺美术""动物百科""植物百科""渔猎文明""交通百科"等主题结集成册，精心策划了这套大众版图书。其中每一个主题包含不同数量的分册，不仅保持条目的科学性、知识性、准确性、严谨性，而且具备趣味性、可读性，语言风格和内容深度上更适合非专业读者，希望读者在领略丰富多彩的各领域知识之时，也能了解到书中展示的科学的知识体系。

衷心希望广大读者喜爱这套丛书，并敬请对书中不足之处给予批评指正！

《中国大百科全书》编辑部

"世界之美" 丛书序

美是一个哲学概念，也是人类实践作用于客观现实世界产生的结果和产物。对美的问题的哲学探讨最终不外乎三个方向或三种线索，或从人的意识、心理、精神中，或从物质的自然形式、属性中，或从人类实践活动中来寻求美的根源和本质。审美是人们在观赏具有审美价值的事物时，直接感受到的一种特殊的愉快经验。"世界之美"丛书旨在成为反映美的载体，通过《宝石》《芳香植物》《观赏植物》《观赏水族》《鸟》《名建筑》《服装》等分册，带领读者踏上一段寻美、赏美的旅程。

《宝石》分册，让我们一起认识璀璨耀眼的宝石。从红宝石如烈焰般炽热的红色、蓝宝石深邃如海的蓝色、祖母绿清新欲滴的绿色，到黄玉温暖明亮的黄色，每一种宝石以其独特的魅力，串联起人类文明的发展脉络，彰显着人们对美好生活的向往与追求。

《芳香植物》分册，让我们打开嗅觉，一起去寻找能使人神清气爽、精神愉悦的植物。这些植物或全株或仅某些器官组织含有芳香成分，提取加工后可用来增加美感和吸引力。

《观赏植物》分册，我们主要从视觉层面感受形态各异的植物，从高大的乔木到低矮的灌木，从细长的藤蔓到宽大的叶片，每一种植物都有其独特的形态美；色彩上，从单一的绿色到多彩的花朵，再到变化多端的叶色，都能给人带来美的享受。

《观赏水族》分册，让我们一起走近各种珍奇的水生生物，通过五彩斑斓的水族世界感受自然之美，唤起对生活的热爱和对生命的敬畏。

《鸟》分册，我们踏上了寻美探美之路，一起领略鸟儿如同天空中的舞者在飞翔时的姿态万千，解读鸟类充满美感的行为，聆听悠扬的鸟鸣声，从而提高对鸟类保护的意识。

《名建筑》分册，我们认识了建筑能通过造型式样、色彩装饰等直接诉诸人的感官的形式美，也普及了建筑体现的时代性、民族性、地域性文化特征，即建筑的时代精神和社会物质文化风貌。

《服装》分册，我们放眼世界，了解那些既实用又美观的服装。服装美学具有时尚性、流行性，其形式构成要素是形式美，增强了人的仪表美，推动了社会美、生活美的进化。

"世界之美"丛书如同一扇扇通往不同世界的大门，让我们得以窥见这个世界的绚丽多姿与独特魅力。在阅读过程中，帮助我们感受人类文明的辉煌成就与智慧结晶；通过书中知识，帮助我们更好地理解美的形式，从而保护与珍惜已有的美，创造更多的美。让我们翻开这些书页，一起触摸、嗅闻、发现、聆听、传递美，不断地追求美。

世界之美丛书编委会

目　录

宝石基本概念　1

天然珠宝玉石　9

第 5 章　宝石矿床　115

第 6 章　宝石制品　123

第7章 宝石加工 143

第1章

宝石基本概念

　　宝石是可以制成工艺品或首饰的天然珠宝玉石和人工珠宝玉石。宝石的概念在中国和其他国家有所差别。其他国家的宝石概念通常指以单矿物晶体为主的有工艺和首饰价值的美丽、稀少、耐久的材料。在中国，宝石还增加了玉石这一具有中国特色的珠宝品种。其分类如下：

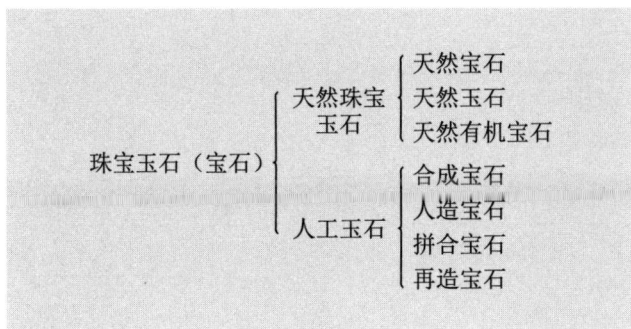

$$
珠宝玉石（宝石）\begin{cases} 天然珠宝玉石\begin{cases} 天然宝石 \\ 天然玉石 \\ 天然有机宝石 \end{cases} \\ 人工玉石\begin{cases} 合成宝石 \\ 人造宝石 \\ 拼合宝石 \\ 再造宝石 \end{cases} \end{cases}
$$

◆ 天然珠宝玉石

　　天然珠宝玉石是天然产出的矿物、岩石。它们作为珠宝玉石的必备条件是：①美丽，如色泽美丽、晶莹剔透；②耐久，如有一定的硬度、耐腐蚀、可久藏；③稀少，物以稀为贵。天然珠宝玉石可分为天然宝石、天然玉石和天然有机宝石。

　　天然宝石为矿物单晶体（如钻石、红宝石、蓝宝石等）。晶体内的原子、离子、分子等质点在三维空间呈规则排列，形成长程序的空间点阵形式。由于质点排列方式的差异，使晶体具有不同程度的各向异性（在不同方向上性能有所差异）和对称性（在对称的方向上性能等同）。晶体根据其在晶体理想外形或综合宏观物理性质中呈现的特征对称元素可划分为立方、六方、三方、四方、斜方、单斜、三斜 7 个晶系。晶体的化学成分可以用化学式表达。一定的化学成分和一定的晶体结构决定了一个宝石的品种和它的物理化学性能。

天然玉石为矿物集合体、岩石（如翡翠、软玉等），少数为非晶质体（如欧泊、天然玻璃等）。天然有机宝石是与生物作用有关，部分或全部由有机物质组成的宝石品种。其中的无机物质多为碳酸盐类矿物。是自然界生物作用形成的固体，每种生物或植物产生的均可算作一类，如珍珠、象牙、玳瑁、琥珀、珊瑚、砗磲等。其中，珍珠依据其形成过程可分为天然珍珠与人工养殖珍珠，由于养殖过程和性质与天然珍珠基本相同，所以也可统称为珍珠；若按照其生长水域，又可分为海水珍珠与淡水珍珠。命名规则可直接使用天然有机宝石基本名称，无需加"天然"二字，如"珊瑚""琥珀""象牙"等，但"天然珍珠""天然海水珍珠""天然淡水珍珠"除外。养殖珍珠可简称为"珍珠"，海水养殖珍珠可简称为"海水珍珠"，淡水养殖珍珠可简称为"淡水珍珠"。由于有机宝石含有有机质成分，硬度大多较低，摩氏硬度多为 2.5 ～ 4，且易腐蚀，因此，佩戴使用时需避免接触汗液和酸、碱等化学物质。

◆ 人工宝石

人工宝石是完全或部分由人工制造的宝石。从分类的角度，根据人为因素的差异以及产品的具体特点，将人工宝石划分为合成宝石、人造宝石、拼合宝石及再造宝石。所制造的宝石有天然宝石可以与之相对应，其成分、结构、性质与天然宝石基本相同者，称合成宝石。无天然宝石可与之相对应者，称人造宝石。人造宝石主要利用玻璃、陶瓷、塑料或其他材料制作而成，如人造钛酸锶、人造钇铝榴石、人造钆镓榴石、人造玻璃猫眼、人造夜光宝石及用玻璃等材质制作的仿绿松石、仿欧泊、仿琥珀、仿珍珠等。由两块或两块以上的材料经人工拼合而成，且给人以整体印象的宝石，称拼合宝石，如蓝宝石拼合石、拼合珍珠、拼合欧泊等。通过人工手段将天然宝石碎块或碎屑熔接或压结成具整体外观的宝玉石称再造宝石，如再造琥珀、再造绿松石等。

　　人工宝石制造常用的方法有：①焰熔法。将原料粉末在氢氧焰中熔融而后使之结晶的方法。如应用此种方法合成红宝石、蓝宝石、尖晶石、钛酸锶等。②水热法。在密封的高压容器中，从水热溶液中生长晶体的方法，如应用此法合成水晶、红宝石、祖母绿、海蓝宝石等。③助熔剂法。在常压高温下借助熔剂使原料熔融，而从熔体中结晶的方法。如应用此法生长祖母绿、红宝石、蓝宝石、钇铝榴石、金绿宝石、尖晶石等。④熔体法。直接熔化原料后，逐渐降温，从而生长出宝石晶体的方法。根据工艺的不同又可分为提拉法和导模。如应用此法生长红宝石、蓝宝石、金绿宝石、钇铝榴石、钆镓榴石等。⑤区域熔炼法。将原料逐区熔融并重结晶而生长出宝石的方法。如用此法生长刚玉类宝石、变石、钇铝榴石等。⑥冷坩埚法。原理与熔体法相近但工艺较复杂。主要用于生产立方氧化锆晶体。⑦高温超高压法。用于合成金刚石、翡翠等。

⑧化学沉淀法。经化学反应和沉淀，进而加热加压合成非单晶质宝石的方法。如合成欧泊、绿松石等。

随着人们对宝石日益增长的需求和科学技术的高速发展，合成宝石的方法在不断发展更新。合成宝石的质量在提高，品种在增多。合成宝石已成为宝石的一个重要组成部分。另外，由于物以稀为贵，就同一种宝石而言，天然者远较合成者的价格为高。

◆ **宝石质量单位**

金刚石、贵金属、珍珠及其他珍贵宝石交易中使用的质量单位是克拉，符号为 k、kt 或 Kt。1 克拉 = 200 毫克 = 0.200 克。1913 年以前，不同的宝石中 1 克拉的质量是有差异的。最初以谷粒或豆粒质量为准，而这些粒子的大小却因地而异。例如，在英国伦敦 1 克拉等于 0.2053 克，在意大利佛罗伦萨等于 0.1972 克，在荷兰阿姆斯特丹等于 0.2057 克。美国在 1913 年采用公制克拉（1 克拉等于 0.200 克）和潘特（1 潘特等于 0.01 克拉）。这一规定随后为其他许多国家所采纳，并沿用至今。英制中克拉曾为药品的质量单位，当时 1 克拉等于 1.0296 克。英国人也称黄金纯度单位"开"为克拉，纯金为 24 开。

◆ **宝石光学效应**

变色效应

变色效应是在不同的可见光光源照射下，珠宝玉石呈现明显颜色变化的现象。常用的光源为日光灯和白炽灯两种。变色效应最早起源于亚历山大变石（金绿宝石的一种）的发现，亚历山大变石有"白昼里的祖母绿，黑夜中的红宝石"之称，其特殊的变色现象被称为变色效应。在这之后，在不同光源下呈现不同颜色的宝石都可被描述为具有变色效应。

一般的宝石仅仅可以透射某一种颜色的光，例如红宝石只能透射出橙、红色光，所以会呈现出橙、红色。而具有变色效应的宝石可以透射出同等强度的两种色光，即它的可见光吸收谱中存在着两个明显相间分布的色光透过带，而其余色光均被较强吸收。这时候它的颜色完全取决于照射它的光源。总结起来，变色效应就是光源性质和宝石中致色离子的选择性吸收共同作用的结果。如最典型的变石，在日光照射下呈绿色，在白炽光照射下呈紫红色，其原因是变石有两个透光区，即红色波段和绿色波段。相对而言，日光中绿光的成分偏多，白炽光中则红光偏多，故它们照射到该宝石上时，分别使绿色加浓和红色加浓，而分别呈现出绿色和红色。

变色效应中最常见的是金绿宝石中的变石品种，可直接命名为变石，其他具有该效应的珠宝玉石则在基本名称前加"变色"二字，常见的有变色蓝宝石、变色石榴石、变色萤石、合成变色蓝宝石等。变色效应在宝石鉴定方面可以提供相应的鉴定特征，作为鉴定宝石品种的辅助鉴定依据之一；在宝石质量评价方面可以当作一个重要影响因素；在宝石商贸方面可以提高宝石的美学价值，并作为价格的参考依据之一。

猫眼效应

猫眼效应是在平行光线照射下，以弧面形切磨的某些珠宝玉石表面呈现的一条明亮光带效应，犹如猫眼随光线的转动呈现的光带现象。猫眼效应多数是由所含的密集平行排列的针状、管状或片状包体造成，也有由于结构特征、固溶体出溶或纤维状晶体平行排列而致，如金绿宝石的猫眼效应。

星光效应

星光效应是在平行光线照射下，以弧面形切磨的某些珠宝玉石表面呈现出两条或两条以上交叉亮线，形如夜空中闪烁的星星的现象。因晶体所属晶系的对称性不同，常呈四射或六射星线，分别称为四射星光或六射星光。多是由于内部含有定向密集排列的包裹体所致，如红宝石、蓝宝石的星光效应。

星光红宝石

变彩效应

变彩效应是光从某些特殊的结构反射出时，由于干涉或衍射作用而产生的颜色或一系列颜色，随观察方向不同而变化的现象。如欧泊的变彩效应。

砂金效应

砂金效应是指宝石内部细小片状矿物及金属包体对光的反射所产生的闪烁现象。因为该闪烁现象形如散落在水中的砂金，故称为砂金效应。观察时采用顶光照射宝石，需要时可晃动宝石，要注意宝石内部包裹体闪光的强度以及对宝石光彩的影响。

具有砂金效应的宝石内部有许多不透明的固态包裹体，如小云母片、黄铁矿、赤铁矿和小金属片等，如最典型的日光石，因含有大致定向排列的赤铁矿和针铁矿等金属矿物薄片，随着宝石的转动，能反射出红色或金色的反光。

砂金效应在宝石鉴定方面可以提供相应的鉴定特征，作为鉴定宝石品种的辅助鉴定依据之一；在宝石质量评价方面可以当作一个重要影响因素；在宝石商贸方面可以提高宝石的美学价值，并作为价格的参考依据之一。

◆ **宝石评价**

已知的天然矿物4000余种，可作为宝石的矿物200余种，而常见的高中档宝石不过40种。钻石、红宝石、蓝宝石和祖母绿被誉为四大名宝石；金绿宝石（包括猫眼石、变石）以其有特殊光学效应而著称；软玉（和田玉）是中国最著名的传统名玉，翡翠作为后起之秀，被誉为玉石之王。水晶、石榴子石、玛瑙、珍珠等多种宝石更为大众所知。宝石品种不同或同一品种质量不同，价格有很大差异，一些珍品，价值连城。宝石及其相应的矿物名称、化学式、所属晶系、颜色、光泽、透明度和特殊光学效应，它们不仅显示了宝石的美，也是评价和鉴定宝石的依据。部分宝石具特殊光学效应，如星光效应、猫眼效应、变色效应、变彩效应等，这些特殊光学效应是光与切磨宝石产生折射、反射、干涉、衍射等相互作用的结果。就同一品种而言，一般的评价依据是：①大小（重量），对单晶宝石尤为重要；②色泽；③纯净度与有无瑕疵；④切磨雕琢工艺。宝石的实验室人工合成和优化处理是宝石学的两个重要方面。重要品种、商业价值高的宝石品种均有人工合成品，有些品种，如钻石、红宝石、蓝宝石、祖母绿等有不止一种的合成方法。宝石的优化处理指除切磨和抛光以外，用于改善珠宝玉石的外观（颜色、净度或特殊光学效应）、耐久性或可用性的所有方法。常见的有热处理、表面与体扩散处理、高温高压处理、辐照处理、裂隙充填、熔合充填处理、激光处理、染色处理，和涂覆、镀膜处理。经过优化处理的宝石与未受处理的价格差异大，须加以区分。古今中外，宝石一直备受人们钟爱，它们美化了人们的生活，也被视为财富和传承载体，还被作为喜庆、幸福、安康的象征，婚恋的信物，生辰的美好标志。在中国的传统文化中把玉与人的高尚道德情操相比喻；有些国家的王室、权贵把宝石镶于冠、带、权杖上，以象征地位权势。

◆ **宝石鉴定**

宝石鉴定是通过常规鉴定方法、现代测试技术和特殊鉴定方法，确定宝石的品种并给出准确定名的过程。在确定宝石品种的过程中，首先需要确定宝石种属，再进一步鉴定其为天然还是合成，以及有无经过优化处理，最后根据所有鉴定信息，按照国家标准《珠宝玉石名称》GB/T 16552 的规定，给出准确的定名。

宝石的常规鉴定方法有肉眼观察、物理性质测试、放大观察等，获得宝石的颜色、形状（主要用于原料）、光泽、透明度、光性特征、多色性、折射率、双折射率、吸收光谱、发光性（荧光与磷光）、特殊光学效应、硬度（主要用于原料）、比重、解理及其包裹体特征等。如果还需要进一步鉴定，可以采用现代测试技术和特殊鉴定方法，现代测试技术主要有紫外可见吸收光谱分析、红外光谱分析、激光拉曼光谱分析、电子探针成分分析、X 射线衍射分析、发光图像分析等，特殊鉴定方法有热导性测试、热反应（微损）、化学反应（微损）等。

第2章

天然珠宝玉石

钻 石

钻石是宝石级的金刚石，是世界公认的最珍贵的宝石，被誉为"宝石之王"。金刚石和钻石的英文名称统称 diamond，源于希腊文 adams，意为"无敌"，是迄今人们发现的硬度最大的天然矿物。

◆ **物理化学性质**

化学成分为碳（C）单质。可以含微量杂质元素，其中最主要的是氮（N）和硼（B），并据此将其划分为 I 型和 II 型。I 型含氮，天然钻石绝大多数属此型，钻石主要呈无色至黄色；II 型基本上不含氮或者含极少量氮，其中 IIa 型不含硼，钻石呈无色、棕色、粉红色，IIb 型含硼，钻石呈蓝色。天然钻石中属 II 型者不足 2%，但已知有一些名优钻石属此型。在钻石的晶体结构中，碳原子彼此以牢固的共价键相结合，从而决定了它的巨大的硬度（莫氏硬度10）、金刚光泽、透明。钻石具有高折射率（2.417）、高色散值（0.044）特点，使之色泽缤纷、光彩夺目。钻石晶体属等轴晶系，常见晶形为八面体，有时出现菱形十二面体、立方体晶面。天然晶体受溶蚀使棱面弯曲。具八面体 {111} 中等解理。钻石的密度为 3.52（±0.01）克 / 厘米 ^{3}。

◆ 评价

对钻石品质的评价，一般着眼于颜色（Color）、净度（Clarity）、切工（Cut）和重量（Carat weight）。这四个词的英文字头均为 C，称为 4C 法则。

颜色

成分纯净，结构完美的钻石，应该是无色透明的。但由于杂质的存在或晶体结构缺陷，可导致呈色。钻石按颜色可分为两大系列。

①无色 - 浅黄色系列。它包括无色、浅黄、淡褐、微灰等微显淡黄色调的钻石。绝大多数钻石属此系列。中国于 1996 年参考了美国宝石学院（GIA）和国际珠宝联合会（CIBJO）的钻石颜色分级体系，

圆形切工钻石

制定了国家标准《钻石分级》（GB/T 16554—1996），并于 2003 年、2010 年和 2017 年进行了修订。

无色 - 近无色系列钻石颜色级别的划分，一般采用与标准样品（比色石）对比的方法。根据经验，用肉眼作大体观察，颜色变化划分为12 个连续的颜色级别，由高到低用英文字母 D、E、F、G、H、I、J、K、L、M、N 及＜ N 代表不同的色级（见表）。通常色级越高价值越高，如 D色。色级越低，则颜色越明显。

钻石颜色分级表

色级代号	色级	色级代号	色级
D	100	J	94
E	99	K	93
F	98	L	92
G	97	M	91
H	96	N	90
I	95	< N	< 90

②彩色系列。简称为彩钻，颜色有黄色、粉红、橙色、紫色、蓝色、绿色等。粉色系列钻石主要产于澳大利亚阿盖尔矿。蓝色彩钻为 IIb 型钻石。天然彩钻十分稀少，价格昂贵，而人工改色者价格远逊于天然钻，常需以专门方法对二者加以区别。中国黄色钻石的分级标准 2017 年实施（《黄色钻石分级》GB/T 34543—2017）。

净度

钻石中瑕疵的多少称为净度。瑕疵是钻石中的缺陷。内部瑕疵包括矿物包体、裂纹、空隙、解理、生长痕迹和人为造成的缺陷等，外部瑕疵如加工损伤、生长纹、小晶面等。净度分级以用 10 倍放大镜观察到的瑕疵为准。中国国家标准《钻石分级》（GB/T 16554—2017）中将净度 LC、VVS、VS、SI 以及 P 五大级别，又细分为 FL、IF、VVS1、VVS2、VS1、VS2、SI1、SI2、P1、P2 以及 P3 十一个小级别。其中 LC 级（10 倍放大镜下，未见内外部特征）为净度最高的级别。

切工

钻石的切磨加工。不是任意的，应使其成品能充分展示其璀璨夺目的本质，并最大地保留原样品的重量。

最基本、也是最常见的钻石切磨形式（琢型）为圆多面形琢型。这种琢型可分为冠部、腰棱和亭部三大部分，共包括57（无底小面）或58（有底小面）个刻面。这种琢型能产生斑斓光彩的效果。因为当白光穿过棱镜时，由于组成白光的七色光的波长不同，在棱镜中传播速度不同，折射率各异，当它们穿出棱镜时，便显示出七彩光谱。七彩光分开的程度与棱镜的材料的色散值有关，色散值越大，分散越开。钻石的色散值很高，而这种琢型的互不平行的各种刻面则起到了棱镜的作用，使钻石产生高亮度和火彩。

琢型中各刻面间的角度和各部分的比例恰当才能获得最佳反射效果，不正确的切磨会使钻石产生漏光现象。国际钻石委员会

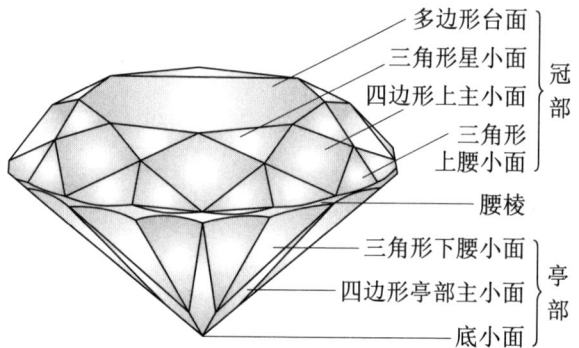

钻石的圆多面形琢型

（IDC）提出了理想的圆多面形琢型中各部分的比例及角度。有时由于受原材料形状的限制或某种工艺设计的要求，除上述圆多面形琢型外，还可以做成多种花式琢型。它们大致可以分为两类：一类为多面形琢型，如橄榄形、梨形、心形、椭圆形等，可视为圆多面形的变形；另一类为阶梯状琢型，如祖母绿型、正方形及菱形、六边形等多种多边形轮廓的琢型。

尽管通过对钻石的火彩、亮度的观察可以大体对切工进行一些论证，

但切工等级的确定却是比较复杂、专业性较强的工作。钻石切工分级包括切割比率分级、修饰度分级、对称性分级和抛光分级四项内容，每项分级又细分为极好（EX）、很好（VG）、好（G）、一般（F）、差（P）5 个级别。

重量

钻石的质量单位为克，商贸上常用克拉（1 克拉 = 0.2 克，1 克拉又可分为 100 分）。钻石称重使用精确的机械天平或电子秤。某些情况下，如钻石已被镶嵌在首饰上，不能直接称重，则可根据对钻石的直径、长、宽、高等的测量，对重量作大致的估算。对于圆多面形，还可以根据腰圆直径直接估算钻石的重量。

在钻石的评价中，重量是首要因素。由于大颗粒钻石十分难得，因此，钻石的价格与重量的关系并不是一个简单的直线关系。钻石是以每克拉的价格作为计价单位的，即一粒钻石的价格 = 每克拉的价格 × 该粒钻石的重量。但在不同的重量范围的钻石其每克拉的价格是不同的。例如一粒重量在 1 克拉以上的钻石与一粒重 50 分的钻石，其每克拉的价格是不同的。钻石愈重每克拉的价格愈高。

◆ 世界名钻

金刚石是极为稀有的矿产，开采出来的金刚石平均只有约 20% 达到宝石级（钻石），其余 80% 只能用于工业，但这 20% 宝石级金刚石的价值却相当于 80% 工业金刚石价值的 5 倍。大颗粒的钻石尤为稀少。据统计，目前世界上已发现大于 100 克拉的钻石仅有 1900 余颗，其中大于 400 克拉的钻石只有 50 多颗。

库里南钻石

至今世界上被发现的一颗最大的钻石，重 3106.75 克拉，1905 年发现于南非，以其业主 T. 库里南的名字命名。该钻石被切磨成 9 颗大钻和 96 颗小钻，其中库里南 I 号称"非洲之星"，重 530.2 克拉，是当今最大的加工成品钻，呈梨形，具 74 刻面，被镶于英王的权杖上；库里南 II 号为阶梯琢型，重 317.4 克拉，为世界第三大成品钻，镶于英王王冠。

其他名钻

世界上已发现并命名了很多名钻。它们或者比较巨大，或者具有罕见的色彩，有的还具有传奇的历史。例如"至高无上"，原石 995.2 克拉，1893 年发现于南非；"塞拉利昂之星"或称"狮子山之星"，1972 年 2 月 14 日情人节发现于塞拉利昂，原石重 968.9 克拉，后被切割成 17 颗钻石；"南方之星"原石重 261.9 克拉，被切磨成卵形多面形钻石后重 128.8 克拉，粉红色，产于巴西；"霍普钻石"或称"希望钻石"，原石重 110.5 克拉，加工后重 44.53 克拉，蓝色，产于印度，现存于华盛顿史密森博物馆。"常林钻石"为中国现存的最大钻石，重 158.786 克拉，淡黄色，发现于山东临沭县常林村。

◆ 产地

钻石形成于高压（4 万～ 6 万大气压）、高温（1100 ～ 1600℃）条件下。有原生矿和砂矿两种矿床类型。原生矿床主要产在金伯利岩和钾镁煌斑岩中，砂矿则是由原生矿经风化、搬运形成的。

世界上钻石的主要产出国为南非、俄罗斯、澳大利亚、加拿大、刚果（金）、博茨瓦纳、安哥拉和纳米比亚。此外，加纳、塞拉利昂、莱索托、巴西、坦桑尼亚、中非、利比亚、刚果（布）、几内亚、委内瑞拉、圭亚那、印度尼西亚、中国、印度等也有钻石产出。

◆ **人工合成**

由于天然钻石的稀有与昂贵，钻石的人工合成及对钻石的优化处理一直受到人们的关注。中国是合成钻石的大国和强国，95% 以上的工业用合成金刚石产自中国自主创新的六面顶压机。宝石级合成钻石主要有高温高压法（HPHT）和化学气相沉积法（CVD）两种方法。中国已成功合成出宝石级无色钻石和黄色钻石。此外，中国还成功研发出快速排查和鉴定合成钻石的仪器。钻石的优化处理包括颜色优化处理和净度优化处理及表面镀膜处理。颜色处理包括辐照改色，高温高压褪色及变色，及其复合处理。净度处理包括裂隙充填激光钻孔去除黑色包体等。镀膜处理常使用高科技在钻石亭部或台面镀有色膜。人工合成和经过优化的钻石与天然钻石价格相差甚远，须加以区别。另外，市场上还有可能出现钻石仿制品，主要仿制品有合成莫桑石（SiC）、人造立方氧化锆（CZ）、合成尖晶石以及合成蓝宝石等。因此，钻石作为贵重商品，必须由专门的检测机构予以鉴定。

红宝石

红宝石是颜色为中等至深红色调的刚玉族宝石，化学组成为 Al_2O_3。红宝石为世界五大宝石之一，与蓝宝石是世界上公认的两大珍贵彩色宝石品种。红宝石被誉为"爱情之石"，象征着热情似火，爱情的美好、永恒和坚贞。

◆ 物理化学性质

晶体属三方晶系。主要由 Cr 离子致色，因含 Cr 量的不同或有其他微量元素如 Fe、Ti、V、Ni 等与 Cr 共存而可形成红、紫红、橙红三个色调，其中以正红色为最佳色。二色性强，可为深红色 - 浅红色、红色 - 橙红色、紫红色 - 褐红色等。红宝石在长波紫外光下可具弱至强红色荧光，短波紫外光下可具微弱至中等红色荧光。同一样品的长波紫外荧光强度大于短波紫外荧光强度，不同产地、不同颜色样品的紫外荧光特点因 Cr、Fe 含量不同而变化：Cr 含量高者红色荧光强而鲜艳，Fe 含量高者荧光弱而暗。红宝石可含有固态包裹体、气液两相包裹体或固气液三相包裹体，同时还可见双晶、负晶、愈合裂隙等。固态包裹体矿物种类繁多，以金红石、锆石最为常见，还可能有尖晶石、方解石、榍石、磁铁矿、橄榄石、云母等。有时包裹体按红宝石晶体对称性定向分布，通过光线的折射、反射作用，可在弧面宝石垂直 c 轴方向出现六射星线，形成星光红宝石。

红宝石晶体

红宝石质坚、艳美，堪称红色及有色宝石之冠，但天然高质量的红宝石产出较稀少。中国历史上某些著名大颗粒红宝石以及红宝石顶戴，很多是红色尖晶石，因限于当时的鉴定水平，未能做准确区别。

◆ 颜色分级

红宝石根据颜色彩度的差异可分为深红、艳红、浓红和红四个级别，其中品质最好的是艳红级别的红宝石，商贸活动中被誉为"鸽血红"红宝石。

"鸽血红"红宝石

鸽血红是一种饱和度较高的纯正的红色，颜色往往分布不均匀，常呈浓淡不一的絮状、团块状，在整体范围内表现出一种具流动特点的漩涡状，也称"糖蜜状"构造。

◆ 优化处理

热处理是刚玉类宝石改善颜色最常用的方法，有超过 90% 的红蓝宝石都经过了热处理改善。热处理的机理是在高温氧化或还原条件下，通过改变刚玉宝石中 Fe^{2+} 与 Fe^{3+} 致色离子的含量，来消减红宝石中多余的蓝色、削弱深蓝色蓝宝石的蓝色，或诱发（加深）蓝宝石的蓝色，以达到改善刚玉宝石颜色的目的。非洲产的暗红色红宝石通过热处理可变为明艳的红宝石，中国山东产的蓝黑色宝石通过热处理也可变为鲜亮的蓝色蓝宝石。对于多裂多凹坑的红宝石而言，因热处理过程中加入了硼砂添加剂，而会在裂隙或凹坑中出现不同程度的残留物。根据热处理残留物的多少，可将热处理分为热处理无残留、热处理少量残留、热处理中量残留和热处理大量残留 4 类。

◆ 合成方法

人工合成刚玉宝石于 20 世纪初即开始生产供应市场，有焰熔法、助熔剂法、水热法等多种合成方法。合成红宝石质量亦佳，但其价格远逊于天然红宝石。

◆ 产地

红宝石矿床主要见于夕卡岩化大理岩、玄武岩、斜长杂岩、斜长石伟晶岩、云母片岩、片麻岩以及有关砂矿中。中国的云南、安徽、青海等地均有红宝石产出，其中云南红宝石质量较好。世界著名的红宝石产地有缅甸、赞比亚、泰国、坦桑尼亚、斯里兰卡、越南、澳大利亚等。

蓝宝石

蓝宝石是刚玉族宝石中除红宝石外其他颜色宝石的统称。蓝宝石被看作是忠诚和德高望重的象征，属于世界五大宝石之一。

◆ 物理化学特征

晶体属三方晶系。化学成分为 Al_2O_3。蓝宝石因含 Fe、Ti、V、Mn、Cr 等多种不同的微量元素而呈现各种不同的颜色。根据颜色的差异可将蓝宝石分为蓝色蓝宝石、粉-橙色蓝宝石、粉色蓝宝石、黄色蓝宝石、紫色蓝宝石、无色蓝宝石等，其中最常见的是蓝色蓝宝石。

有色蓝宝石，尤其是蓝色蓝宝石颜色分布不均，常

不同颜色的抛光刻面蓝宝石

具有色块或色带。玻璃光泽至亚金刚光泽，透明至不透明。光性非均质体，一轴晶，负光性，个别情况下具有异常的二轴晶光性。除无色蓝宝

石外，有色蓝宝石均具有二色性，二色性的强弱及色彩变化均取决于自身颜色及颜色深浅程度。折射率为 1.762 ～ 1.770（+0.009，−0.005），双折射率为 0.008 ～ 0.010。解理不发育，但可因聚片双晶等因素可产生平行底面、菱面体、柱面的裂理。莫氏硬度9，仅次于钻石。密度为 4.00（+0.10，−0.05）克 / 厘米 ³。蓝色蓝宝石一般无荧光，偶尔长波紫外光下可见红色至橙色荧光，短波紫外光下呈弱的白垩色或黄绿色荧光。蓝宝石中可含有固态包裹体、气液两相包裹体或固气液三相包裹体，同时还可见双晶、负晶、愈合裂隙等。固态包裹体矿物种类可因宝石的产地、产状而不同，最常见的是金红石、锆石、磷灰石，还可能有水铝矿、尖晶石、石榴子石、方解石、榍石、橄榄石、云母等。有时包裹体按蓝宝石固有的三方晶系对称规律定向排列，通过光的折射和反射作用，在弧面宝石表面现出六射星线，偶尔也有双星光现象，形成星光宝石。

星光蓝宝石戒指

少数蓝宝石具有变色效应，但变色效应不明显，颜色也不鲜艳。

◆ **优化处理**

扩散和充填是蓝宝石中最常出现的两种处理方法。扩散的机理是高温加热促使刚玉的晶格扩张，进而允许具有热活性金属离子（铍、钛、铬等）替换铝离子而进入宝石内部，从而达到改变宝石颜色的目的。过渡金属离子（钛、铬或镍）扩散仅可在刚玉宝石近表面形成一层较薄的颜色，易于辨别；而铍扩散可使刚玉宝石通体成色，且很难识别。铍扩散处理刚玉宝石的颜色可为橙黄色、蓝色、黄色、红色、橙色、粉色等，其中橙黄色最常见。充填是在一定温度下，把玻璃态充填物充进具有裂隙或凹坑的刚玉宝石中的一种处理方法，可以改变刚玉宝石的颜色、耐久性或透明度。充填的玻璃可以为一般的硅玻璃，也可以为铅玻璃、钴玻璃、钴－铅玻璃等。

◆ 产地

原生蓝宝石主要见于碱性橄榄玄武岩型矿床，亦见于接触交代型、热液型和区域变质型矿床中。就开采数量而言，砂矿居首。中国山东昌乐一带是著名蓝宝石产地，海南、江苏、黑龙江、青海也发现蓝宝石。世界蓝宝石主要产出国和地区有缅甸、泰国、斯里兰卡、马达加斯加、柬埔寨、克什米尔、美国、澳大利亚等。

祖母绿

祖母绿是绿柱石族矿物中的宝石品种，以其艳丽的翠绿色而享有"绿色宝石之王"的美称。

◆ 物理化学性质

祖母绿的矿物学名称是绿柱石，属绿柱石族，六方晶系，铍铝硅酸盐矿物，化学式为 $Be_3Al_2(Si_2O_6)_3$，含有铬（Cr）、铁（Fe）、钛（Ti）、钒（V）等微量元素。断口玻璃光泽至树脂光泽。一轴晶，负光性。折射率 1.577 ～ 1.583（±0.017）。莫氏硬度 7.5 ～ 8。密度 2.67 ～ 2.90 克 / 厘米^3，通常为 2.72 克 / 厘米^3。祖母绿呈翠绿色，可略带黄或蓝色

色调，主要致色元素为 Cr，质量分数在 0.3% ～ 1.0%，次要致色元素

为 V；其他元素如二价铁离子致色的浅
绿色、浅黄绿色、暗绿色等绿柱石不能
称为祖母绿，而只能叫绿色绿柱石。根
据祖母绿的特殊光学效应和特殊现象，
祖母绿还有祖母绿猫眼、星光祖母绿和
达碧兹 3 个特殊品种。

祖母绿晶体

　　祖母绿的相似品种有铬透辉石、铬
钒钙铝榴石、翠榴石、绿色碧玺、绿色萤石、绿色磷灰石、翡翠、玻璃、
人造钇铝榴石、合成尖晶石等。可以依据折射率、密度、光性特征及内
部特征等进行鉴别。

◆ 切磨

　　质量好的祖母绿一般磨成
四边形阶梯状，并磨去四角，
称为祖母绿琢型切工。这种切
工可将祖母绿的绿色更好地体
现出来，也可降低偶然碰撞使
晶体受损的可能性。质量差或

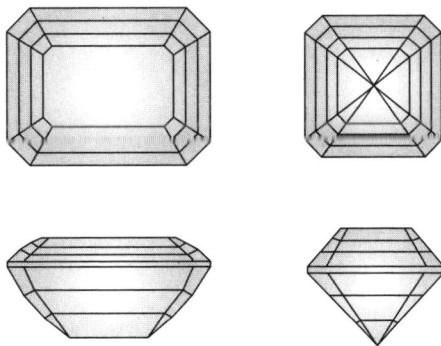

祖母绿琢型

裂隙较多的祖母绿一般切磨成弧面或圆珠。

◆ 优化处理

　　对祖母绿优化处理的方法主要有染色、充填和覆膜处理。染色采用
化学颜料将色浅的祖母绿或无色绿柱石染成深绿色，放大检查可见绿色

颜料多在裂隙间或表面凹陷处富集，无明显多色性。充填包括浸无色油、蜡、树脂等，祖母绿浸无色油在市场上非常普遍，不改变祖母绿的颜色，但可以起到掩蔽裂隙，增强亮度和透明度的效果，已得到珠宝界和消费者的认可。通过放大检查、紫外荧光特征、热针、红外光谱等方法可以进行鉴定。经过覆膜处理的祖母绿放大检查可见膜层光泽异常，或有局部薄膜脱落现象，折射率可见异常，红外光谱和拉曼光谱测试可见膜层特征峰。

◆ 人工合成

祖母绿的合成主要有助熔剂法和水热法两种。商贸中常以合成祖母绿的厂商、产地或方法为品名出现，如查塔姆合成祖母绿、俄罗斯水热法合成祖母绿等。依据内部特征和红外光谱特征可以对合成祖母绿进行鉴定。

◆ 产地

哥伦比亚是世界上最大的优质祖母绿供应地，产量丰富，色泽优美，出产的祖母绿一度约占全球产量的80%。随着巴西等地祖母绿的发现，哥伦比亚祖母绿所占的市场比重有所降低，但仍占世界的35%左右。巴西祖母绿的产量仅次于哥伦比亚，颗粒相对较大，但大多数品质较差，色泽较淡且透明度不好，优质祖母绿的产量仅占其总产量的5%～10%。非洲南部赞比亚、津巴布韦和南非是祖母绿的另一重要产区，占全球总产量的20%。非洲祖母绿的品质介于哥伦比亚和巴西祖母绿之间，其中，津巴布韦所产的祖母绿质量较高，具有靓丽的色彩，但粒度较小。除了上述产地外，马达加斯加、印度、巴基斯坦、阿富汗、俄罗斯等国家和地区也有祖母绿产出。中国仅在云南和新疆发现有祖母绿资源，但品质较差，色泽淡，多呈浅绿色，极少数呈浓绿色但透明度不高。

金绿宝石

金绿宝石是氧化物矿物，化学组成为 $BeAl_2O_4$，晶体属斜方晶系。因独特的黄绿至金绿色而得名，以其特殊光学效应（猫眼效应、变色效应）而闻名，被列为世界五大宝石之一。

◆ 物理化学特征

化学式类同于尖晶石（$MgAl_2O_4$），故又称为铍尖晶石。但其晶体结构、晶系、晶形都类似于橄榄石（Mg_2SiO_4），即两者结构中的氧原子的堆积形式相同，金绿宝石中的铍、铝原子分别与橄榄石中的硅、镁原子的占位相同。晶体常呈板状、短柱状，晶面常见平行条纹，晶体经常形成心形双晶或假六方贯穿三连晶。玻璃光泽至亚金刚光泽，透明至不透明。光性非均质体，二轴晶，正光性。折射率 $1.746 \sim 1.755$（$+0.004$，-0.006），双折射率为 $0.008 \sim 0.010$。三组不完全解理，贝壳状断口。莫氏硬度 $8.0 \sim 8.5$。密度 3.73（± 0.02）克 / 厘米^3。

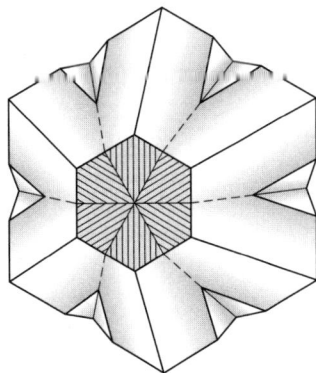

金绿宝石的假六方贯穿三连晶

◆ 品种

金绿宝石根据其特殊光学效应的有无可分为以下品种：①金绿宝石。无任何特殊光学效应，颜色可为浅至中等黄、黄绿、灰绿、褐色至黄褐色、浅蓝色（稀少）；弱至中等的三色性，黄、绿和褐色；长波紫外光下无荧光，黄色和绿黄色品种在短波紫外光下为无至黄绿色荧光。

②猫眼。具有猫眼效应的金绿宝石。晶体内含有定向平行密集排列的丝状、管状包裹体，通过它们对入射光的折射与反射作用，使其在弧面宝石表面显示出一条可以灵活摆动的光带，犹如猫的眼睛，称为猫眼效应。金绿宝石中丝状物含量越高，宝石越不透明，猫眼效应越明显。猫眼可呈密黄、黄绿、褐绿、黄褐、褐色等多种颜色，猫眼宝石在聚光光源照射下，宝石的向光一半呈现其体色，而另一半则呈现乳白色。由于金绿宝石的猫眼效应最为完美，所以被直接称为"猫眼"。商贸中猫眼还可称为东方猫眼、锡兰猫眼、猫睛、波光石等，而其他具有猫眼效应的宝石须在猫眼前冠以宝石的名称，如"电气石猫眼""石英猫眼"等。市场上还可见到由玻璃纤维做成的人工猫眼石，应严格与宝石相区别。

③变石。具有变色效应的金绿宝石。又称亚历山大石。是一种含铬（Cr）的金绿宝石。变石在日光或日光灯照射下呈现以绿色色调为主的颜色，而在白炽灯或烛光下则呈现出以红色调为主的颜色，因此被誉为"白昼的祖母绿，夜晚的红宝石"。④变石猫眼。同时具有变色效应及猫眼效应的金绿宝石。变石猫眼含有产生变色效应的铬元素，又含有大量丝状包裹体以产生猫眼效应，是一种更珍贵、更稀罕的宝石品种。⑤星光金绿宝石。具有星光效应的金绿宝石。星光金绿宝石通常为四射星光，其星光产生的原因之一是在金绿宝石中同时包含两组互相近于垂直排列的包裹体，一组

天然变石

为丝状金红石，一组为细密的气液管状包裹体。

◆ **产地**

金绿宝石主要产于老变质岩地区的花岗伟晶岩、蚀变细晶岩以及云母片岩中，而真正具有工业意义的金绿宝石大多产于砂矿中。最好的变石产于俄罗斯乌拉尔地区，斯里兰卡砂矿则产出黄绿色大颗粒变石及高质量猫眼宝石，巴西发现了金绿宝石类的各个品种。金绿宝石亦可由焰熔法人工合成，但质量远逊于天然晶体。

猫　眼

猫眼是具猫眼效应的金绿宝石，属高档宝石。猫眼效应指在平行光线照射下，以弧面形切磨的宝石表面呈现出一条明亮光带，该光带随样品或光线的转动而移动，并出现张开与闭合的特殊光学效应。因为同一猫眼名称下的金绿宝石和其他具猫眼效应的宝玉石价格差异很大，所以若都用特殊光学效应直接命名有着明显的不合理性，故按照国家标准 GB/T 16552《珠宝玉石名称》的规定，只有金绿宝石猫眼能直接称为"猫眼"或"变石猫眼"，即中国古代的"猫眼石"或"猫儿眼"。

猫眼

其他具有猫眼效应的宝玉石品种则在基本名称后加"猫眼"二字，如磷灰石猫眼、软玉猫眼。

金绿宝石的化学成分为 $BeAl_2O_4$，可含有 Fe、Cr、V 等元素。斜方晶系，晶体常呈板状、短柱状、粒状，假六方的三连晶。三组不完全解理。摩氏硬度 8 ～ 8.5，密度 3.73（±0.02）克／厘米^3。体色常为黄至黄绿、灰绿、褐至褐黄色。聚光光源下，宝石向光的一半呈体色，另一半则呈乳白色。透明至不透明。抛光面呈玻璃光泽至亚金刚光泽，断口呈玻璃至油脂光泽。二轴晶、正光性。折射率为 1.746 ～ 1.755（+0.004，-0.006），双折率为 0.008 ～ 0.010，点测法 ±1.74。三色性弱，呈黄、黄绿和橙色。长、短波紫外光下，呈无至中等紫红色。具有 445 纳米强吸收带。放大检查，含大量细小、密集、平行排列的丝状金红石或管状、指纹状包体，负晶。变石猫眼，日光下为黄绿、褐绿、灰绿至蓝绿色，白炽灯光下为橙红、褐红至紫红色，以蓝绿和紫褐色为稀少。长波紫外光下呈弱至中等红色荧光。

辐照处理可改善猫眼效应和颜色，但不易检测。

高质量的猫眼产地有斯里兰卡砂矿和巴西等。猫眼以蜜黄的体色为最佳，颜色越淡，越带褐、灰白色者价值越低。眼线讲求光带居中、平直、灵活、锐利、完整，与背景对比要明显，并伴有"乳白与蜜黄"的效果。整体的品质好坏与价值高低由体色、眼线、重量及完美程度综合决定。

海蓝宝石

海蓝宝石是绿柱石族矿物中海蓝、天蓝至蓝绿色的变种，化学组成为 $Be_3Al_2Si_6O_{18}$，由于含微量的铁（Fe^{2+}）而致色。六方晶系。六方柱状，常见晶面纵纹。绿蓝色至蓝绿色，浅蓝色，通常彩度较浅。玻璃光泽，断口表面为玻璃光泽至树脂光泽。多为透明，少量可呈半透明至不透明。光性非均质体，一轴晶，负光性。二色性表现为弱至中等的蓝色和绿蓝色或不同深浅的蓝色。折射率为 1.577 ～ 1.583（±0.017），双折射率为 0.005 ～ 0.009。莫氏硬度 7.5 ～ 8，密度 2.72（+0.18，−0.05）克 / 厘米³。有时可具"猫眼"效应。海蓝宝石以其淡雅、优美的天蓝色赢得人们的喜爱。主要产于伟晶岩中。

海蓝宝石柱状晶体

中国主要产于新疆、云南、内蒙古、海南、四川等地，其中以新疆、云南产的海蓝宝石最佳。世界上有许多国家产出海蓝宝石，著名产地有巴西、马达加斯加。此外，肯尼亚、津巴布韦、尼日利亚、赞比亚、印度、巴基斯坦、缅甸、坦桑尼亚、阿根廷、挪威、北爱尔兰、美国等地也有产出。

翡 翠

翡翠是最珍贵的玉石品种，被誉为"玉石之冠"。翡翠深受东方民族喜爱，又称"东方宝石"。翡翠的中文名称源于翡翠鸟羽。翡翠鸟雄鸟的羽毛为红色，称为翡鸟。雌鸟的羽毛为绿色，称为翠鸟。因翡翠玉石颜色有红有绿，故用鸟羽的名称命名。翡翠的英文名称（jadeite）与硬玉相同，来源于西班牙语 Picdodejade，意思是佩戴于腰部的宝石。随着中国传统文化在世界上的流行，翡翠的英文名称也可直接称为"Feicui"。

◆ **矿物学特征**

主要由硬玉或由硬玉及其他钠质、钠钙质辉石（钠铬辉石、绿辉石）组成，可含少量角闪石、长石、铬铁矿等副矿物。

翡翠一般为隐晶质结构，块状构造，其中的矿物常呈细小的粒状或纤维状，翡翠的结构使其具有较强的韧性。颗粒愈细，其质地愈致密，透明度愈好，光泽愈强。组成翡翠的矿物硬玉具完全解理，在翡翠原石表面表现为片状闪光，这被称为翡翠的"翠性"，是翡翠原石的一种鉴定特征，矿物颗粒愈细，翠性愈不明显。翡翠的莫氏硬度为 6.5 ～ 7，密度为 3.3 ～ 3.4 克 / 厘米 ^{3}。

◆ **颜色**

翡翠的颜色多种多样。大体上可分为白、绿、红、黄、紫、黑诸色，其中以绿色最为常见。同种颜色有明度和饱和度的不同，而不同颜色又可以搭配共存，从而使翡翠颜色千变万化，丰富多彩。①白色。纯净的翡翠呈白色，自然界产出的白色翡翠，常因杂质的存在而略带灰、黄或褐色。②绿色。绿色是翡翠主要的和常见的颜色。对翡翠颜色的品评，常从浓、阳、正、匀 4 个方面着眼。浓指颜色的浓淡或深浅。尽管人们对深色或浅色翡翠爱好各异，高档翡翠的绿色必须有一定浓度，但也不是越深越好。阳指颜色以鲜艳明亮不暗为佳。正指颜色纯正。绿色纯正者称"正色"，若混有绿色以外的颜色则称为"偏色"。属于正色的绿色包括祖母绿、翠绿、苹果绿等，属于偏色的有偏黄的绿色，如黄杨绿、葱心绿以及偏蓝的绿色及偏灰的绿色，它们属颜色较差的品级。匀指颜色的分布与均匀的程度，如"满绿"指通体为均匀的绿色，"雾状绿"是深浅不均匀的全绿色，"梅花绿"是指绿色呈斑点状分布，"带子绿"是指绿色呈带状分布，"金丝绿"是指绿色呈丝状断续平行排列，"花青绿"是指绿色呈不规则形状分布，"疙瘩绿"是指绿色呈团块状分布等。③红色和黄色。红色为"翡"，红色翡翠甚少，远不及绿色翡翠常见。红色多因硬玉颗粒间的赤铁矿等致色，常见者多为棕红或暗红色。黄色多为在表生作用中形成的针铁矿等浸染所致，常带褐色调。④紫色。按色调又可分为紫罗兰色（色纯正、较透明者为上品）、粉紫色（紫中微带粉色，或称为藕粉色）、茄紫色（紫色中带有茄子般的绛色）、蓝紫色（紫中带蓝）。⑤黑色。黑色的翡翠称为墨翠，优质的墨翠在反射光下为黑色、在透射光下为绿色，墨翠中纯净者为佳品。

◆ **透明度**

透明度是评价翡翠的重要标志，是指翡翠透过可见光的能力。翡翠的透明度变化很大，从接近玻璃板的透明到不透明，一般为半透明到不透明。翡翠行业中，透明度和翡翠"水头""种"都可以联系起来，透明度好，即水头足，使翡翠显得晶莹，颜色滋润，活而有动感，看上去有水汪汪的感觉，令爱好者陶醉。透明度不好，即水头差，使颜色表现呆板。透明度级别由高到低为透明、亚透明、半透明、不透明等，其对应的"种"依次为玻璃种、冰种、糯种、豆种等。

◆ **净度**

净度是影响翡翠外观的重要特征。习惯上，瑕疵的多少可称为翡翠

"净度"，翡翠若存在瑕疵会影响质量。影响翡翠的净度特征很多，如石花、黑点、杂色的色带、石纹、裂隙等，都是影响净度的因素。翡翠中的瑕疵就形态而言有斑点状、云雾状、筋柳状、薄膜状等。裂纹的存在，不仅有损翡翠的完美，也影响翡翠的坚固耐久性。一些雕件可以通过切割或雕刻工艺将裂纹避开或进行遮掩，但对于素身翡翠，如手镯等，则裂纹影响最大，不能被隐蔽。

◆ 人工处理翡翠

天然翡翠原料及成品，不论其优劣，除正常的切磨、抛光、打蜡等，未经过其他人工处理，商业上称其为 A 货，是纯天然的翡翠，正常的加工并不对翡翠的结构等造成破坏。与"A 货"相对，翡翠还有 B 货、C 货。B 货是指经过漂白、充填等人工处理的翡翠。漂白是利用各种酸，除去翡翠的黄褐色、灰色和黑色等杂色，经过酸洗漂白后，翡翠的结构遭到破坏，往往成为渣状，因此需要充胶来固结，以增加强度和透明度。B 货翡翠经过一段时间后，可能发生颜色变化，光泽、透明度降低，产生龟裂。C 货是指染色的翡翠，是将原来无色或者浅色的翡翠，通过人为方法使染剂、染料进入翡翠的矿物颗粒间，使其颜色变得鲜艳，一般将翡翠染成绿色或紫色，也可见红色和黄色。对于 B 货、C 货，可通过放大观察、红外光谱、紫外可见光光谱等进行准备鉴定。

◆ 产地

翡翠主要产于缅甸，此外，危地马拉、俄罗斯、日本等地也有产出。缅甸翡翠矿藏位于其北部克钦邦、雾露河流域，地质构造上处于印度板块与欧亚板块碰撞部位，有原生和次生两类矿床。缅甸的翡翠矿床从南到北可分为三个矿带。最南部的为南奇矿区，翡翠产量比较小。中间是以帕敢为中心的主矿带，是最重要的翡翠产区，也有多个著名的翡翠场口，出产高品质的翡翠。北部为后江矿带，出产的翡翠不多，但常出质量高的翡翠。其他国家的翡翠，在产量和质量上都低于缅甸翡翠。不过近年来，危地马拉、俄罗斯等地也有高品质翡翠发现。

翡翠以其亮丽的色泽、精美绝伦的质地，深受中国人和东方其他民族的钟爱，并在久远的历史长河中孕育出它独特的玉文化。翡翠饰品在古代及当代时尚饰品中占有很重要的位置，翡翠手镯、戒面、耳坠、项链、胸针、玉佩等，受到人们普遍的喜爱。在翡翠玉雕方面，从小型玉佩到大型雕刻作品，各种雕件争奇斗艳，题材多样，许多雕件寄托去病祛邪的愿望，标志高尚的道德和优美的情操。其中更存不少艺术杰作和稀世之宝，如清代名品翡翠西瓜（绿皮红瓤、绿皮黄瓤）、翡翠白菜、翠桃、翠佛等，价值连城；当代大型翡翠玉雕"岱岳奇观""含香聚瑞""群芳览胜""四海腾欢"，它们的高、宽均为数十乃至一百多厘米，被誉为中国翡翠玉雕四大国宝。中华民族玉文化源远流长，有数千年的历史，翡翠的发现、流行与鼎盛，始于清代，为玉石中的后起之秀。

欧 泊

欧泊是具有变彩效应的蛋白石。欧泊是英文名称"Opal"的音译，化学成分是 $SiO_2 \cdot nH_2O$，矿物成分主要为非晶质二氧化硅和水，可含有鳞石英、方石英、黄铁矿等矿物。根据体色的不同可分为白欧泊（体色为无色－白色）、黑欧泊（体色为黑色、深灰、蓝、绿等）、火欧泊（体色为橙色、橙红、红色）。光泽为玻璃至树脂光泽，莫氏硬度 5～6，密度一般介于 2.06～2.23 克/厘米³，折射率 1.37～1.47（通常为 1.42～1.43，火欧泊可低至 1.37）。不同颜色的欧泊常具有不同颜色的荧光：黑色或白色体色常为无至中的白至浅蓝色、绿色或黄色荧光，除黑色外的其他体色黑欧泊多为无至强的绿色或黄绿色荧光，火欧泊则一般为无至中的绿褐色荧光。

欧泊的最大特点是具有变彩效应，在光源下转动欧泊可看到五颜六色的色斑。欧泊的结构中近于等大的二氧化硅球体（直径通常为 138～241 纳米）在三维空间作规则排列，这些球体和其间的空隙形成了天然三维衍射光栅。二氧化硅球体的直径、球体间隙的距离及观察角度决定了欧泊中色斑的颜色，因此，随着入射光的入射角度变化或转动欧泊时会发生变彩效应。根据欧泊的体色差异和长久以来的贸易习惯，可将欧泊分为黑欧泊、白欧泊、火欧泊、晶质欧泊、砾石欧泊、化石欧泊等品种。澳大利亚是世界上最重要的产出国，产量占世界总产量的 90% 以上。其他产地还有墨西哥、新西兰、巴西、洪都拉斯、马达加斯加、美国等。

玛 瑙

玛瑙是具有同心层状、纹带或条带的隐晶质石英质玉石。玛瑙按颜色的差异可分为白玛瑙、红玛瑙、黄玛瑙、绿玛瑙、黑玛瑙等，一般由赤铁矿、针铁矿、绿泥石等有色矿物致色；按条带特征可分为缟玛瑙和缠丝玛瑙；按所含杂质和包裹体的不同又可分为苔纹玛瑙、火玛瑙、水胆玛瑙等。

抛光面常呈玻璃光泽，断面可呈油脂光泽、蜡状光泽。透明至不透明，但以半透明至微透明最为常见。折射率点测

条带相间的玛瑙

为 1.54 ～ 1.55。莫氏硬度 6.5 ～ 7。受结晶程度和所含杂质影响，密度为 2.50 ～ 2.72 克 / 厘米^3。显微结构为纤维状结构、粒状结构。玛瑙在火成岩、沉积岩、变质岩中均可产出，但主要产于火成岩的裂隙和孔洞中，并以玄武岩、安山岩、流纹岩较为常见。玛瑙矿体一般受成岩空间限制，多呈结核状、球状、块状、脉状、层状等，内部常保留晶洞，晶洞中有时可见细粒石英晶体。块度大小不一，一般直径为 10 ～ 20 厘米。

关于玛瑙的形成机理仍存在争议，主要有两种代表性观点：①玛瑙是从热液流体中沿岩石空洞或裂隙逐次沉淀形成。②玛瑙是由早期非晶质硅胶沉淀物通过自组织的方式在成岩过程中逐渐结晶生长而成。

晶腺状玛瑙

玛瑙在全球分布广泛，主要产出国有巴西、印度、美国、英国、澳大利亚、乌拉圭、俄罗斯、德国、墨

西哥、土耳其。中国也是玛瑙主要产出国，绝大部分省区均有产出，主要产地有云南、河北、四川、江苏、辽宁、内蒙古、黑龙江、新疆等。玛瑙作为佛教七宝之一，常被当作辟邪物、护身符使用，也是装饰和佩戴的珍品。色泽好的玛瑙可作为宝石和工艺美术材料，差者可用于制作研磨器具和精密仪器轴承。

琥　珀

琥珀是中生代白垩纪至新生代新近纪松柏科植物的树脂，经地质作用而形成的有机混合物。在中国古代，琥珀曾被称作"虎魄""兽魄""育沛""顿牟""江珠""遗玉"等。琥珀内部常包裹有动、植物体，可用于香料、中药和珠宝。

琥珀为非晶质有机似矿物，化学成分为 $C_{10}H_{16}O$，含少量的硫化氢。主要有机物质量分数的组成为：琥珀酯酸 69.47% ～ 87.3%，琥珀松香酸 10.4% ～ 14.93%，琥珀酯醇 1.2% ～ 8.3%，琥珀酸盐 4.0% ～ 4.6%，琥珀油 1.6% ～ 5.76%。常见颜色为浅黄色、黄色至深棕红、白色，树脂光泽，莫氏硬度 2 ～ 2.5，密度为 1.08（+0.02，−0.10）克 / 厘米 ^{3}，正交偏光镜下全消光，常见由应力产生的异常消光和干涉色，点测法折射率通常为 1.54。加热至 150℃ 时变软，并开始分解，250℃ 时熔融。易溶于硫酸和热硝酸，部分溶解于酒精、汽油、乙醇和松节油中。

根据琥珀的成因、产地及特征可将琥珀进行分类，比较常见的琥珀类型包括蜜蜡、血珀、金珀、绿珀、蓝珀、虫珀、植物珀。①蜜蜡：半透明至不透明的琥珀。②血珀：棕红至红色透明的琥珀。③金珀：黄色至金黄色透明的琥珀。④绿珀：浅绿至绿色透明的琥珀，较稀少。⑤蓝珀：透视观察琥珀体色为黄、棕黄、黄绿和棕红等色，自然光下呈现独特的不同色调的蓝色，紫外光下可更明显，主要产于多米尼加。⑥虫珀：包含有昆虫或其他生物的琥珀。⑦植物珀：包含有植物（如花、叶、根、茎、种子等）的琥珀。

琥珀的形成一般有 3 个阶段。第一阶段是树脂从柏松树上分泌出来；第二阶段是树脂被深埋，并发生了石化作用，树脂的成分、结构和特征都发生了明显的变化；第三阶段是石化树脂被冲刷、搬运、沉积和发生成岩作用从而形成琥珀。产在砾石层中的琥珀一般呈圆形、椭圆形或有一定磨圆的不规则形，并可能有一层薄的不透明皮膜。

常见的琥珀相似品种有树脂类的硬树脂、松香和柯巴树脂，塑料类的酚醛树脂、酪朊塑料、赛璐珞、氨基塑料、有机玻璃、聚苯乙烯等材料，以及玻璃和玉髓。

琥珀的优化处理主要有再造、热处理、覆膜、染色、充填、加温加压改色处理和辐照处理。再造是将一些块度过小的琥珀碎屑在适当的温度、压力下烧结，所形成的较大块的琥珀称为再造琥珀，亦称压制琥珀、熔化琥珀或模压琥珀。再造琥珀的鉴定可通过放大检查、紫外荧光特征等方法。热处理是通过加热以改善琥珀的透明度，或使琥珀内部产生片状炸裂纹，通常称为"睡莲叶"或"太阳光芒"。热处理通常配合加压处理并控制氧化还原气氛以加深琥珀表面的颜色。覆膜包括有色和无色覆膜，是将调制好的无色或有色调漆（胶）均匀地涂抹在琥珀表面，以改善其光泽、耐磨性或改变颜色。染色处理多染成红色以模仿琥珀在空气中的老化特征，也可染成绿色或其他颜色。充填处理是用树脂等材料充填琥珀的孔洞，以提高出成率，改善净度和透明度，并增加重量。加温加压改色处理是通过多次加温加压处理，使琥珀的颜色呈绿色或其他稀少的颜色。辐照处理是通过辐照使黄色的琥珀变为橙红或血红色。

琥珀的主要产地有欧洲的波罗的海沿岸国家：波兰、德国、丹麦、俄罗斯，多米尼加共和国。在罗马尼亚、捷克、意大利西西里岛、挪威、英国、新西兰、缅甸、黎巴嫩、美国、加拿大、智利、伊朗、阿富汗也有产出。中国的琥珀主要产自辽宁抚顺的第三纪煤田中，河南的西峡、南阳，云南的保山、丽江和哀牢山，福建漳浦，西藏等地也有琥珀产出。

独山玉

独山玉是产于河南省南阳独山的以黝帘石和基性斜长石为主要成分的蚀变辉长 - 斜长岩类玉石，简称独玉。独山玉是一种蚀变的斜长岩，有铬云母、透辉石、钠长石、黑云母，有时可见绿帘石、斜黝帘石、铬绿帘石、透闪石、阳起石、黄铁矿等次要矿物。多数品种为溶蚀交代结构、细粒（变晶）结构、变余碎斑 - 糜棱结构或隐晶结构，部分品种为碎裂结构、中粗粒（变斑）结构或花岗变晶结构、辉长结构等。粒度不均匀。平均粒径小于 0.05 毫米。抛光性良好，质地细腻，微透明 - 不透明。玻璃光泽。不透明至半透明。莫氏硬度 6 ～ 7，折射率为 1.560 ～ 1.700，密度 2.7 ～ 3 克 / 厘米 ^{3}。

独山玉颜色丰富，有 30 余种色调。常见颜色有白色、绿色、青色、蓝色、紫色、黄色、红色、黑色。玉色变化主要取决致色元素及带色矿物的组成：绿色主要与三价铬离子有关，紫色由富含三价铁离子的黑云母所致，黄绿色或橄榄绿色主要与含致色元素二价铁离子的绿帘石有关，芙蓉色、粉红色或淡褐色是因四价钛离子及二价锰离子所致。单一色调出现的玉料不多，多是由 2 种及 2 种以上色调组成的多色玉。

独山玉雕件

独山玉赋存的独山基性 - 超基性杂岩体，是由次闪石化辉长岩、次闪石化辉石岩、斜辉橄榄岩（橄榄质科马提岩）、辉长闪长岩、次闪石化角闪岩、钠黝帘石化斜长岩、糜棱岩组成的。脉岩有闪斜煌斑岩。独山玉是由岩浆期后多期次高温热液沿破碎裂隙带充填交代辉长岩和斜长岩而成的。中国河南南阳是唯一产地，在东南亚地区也发现类似矿床。

天河石

天河石是微斜长石的宝石变种，又称亚马孙石。古埃及人认为，天河石是人类与神灵进行沟通的媒介，所以他们常用天河石雕刻神像。历史学家认为，由于天河石具有微蓝色和翠绿色，使它不仅成为女神、巫觋与上天沟通的工具，也是权力与地位的象征物。

天河石化学成分是 $K[AlSi_3O_8]$。三斜晶系。短柱状、板状晶体。因含铷（Rb）等引起结构缺陷，产生色心致色，呈黄绿至蓝绿色。优质的天河石呈现出浓郁的蓝绿色。实际上，很多天河石可呈不同深浅的绿色或黄绿色，甚至在矿物中间带有一些白色的条纹。玻璃光泽，通常不透明。莫氏硬度 6 ～ 6.5。密度 2.56（±0.02）克 / 厘米³。折射率 1.522 ～ 1.530（±0.004）。可用做串珠及装饰品。

天河石标本

美国科罗拉多派克斯峰地区是天河石最重要产地。此外，加拿大安大略和魁北克、巴西米纳斯吉拉斯、意大利巴韦诺、俄罗斯乌拉尔山也有产出。

蛇纹石玉

蛇纹石玉是以叶蛇纹石、利蛇纹石等蛇纹石为主要矿物的一类玉石的总称。在岩石学上属于蛇纹石的矿物集合体。蛇纹石玉是中国历史最悠久、产量最大、产地最多、应用最广泛的玉石品种。在辽宁海城小孤山文化遗址中，发掘出 1 万多年前由蛇纹石玉制成的砍凿器。汉代的金缕玉衣大部分也是由蛇纹石玉片制成的。

◆ 物理化学特征

矿物组成中以蛇纹石为主，可含滑石、透辉石、绿泥石、白云石等。

矿物及化学组成的差异，使其物性在一定范围内有所变化。颜色通常为浅绿、豆绿、黄绿、墨绿等各种色调的绿色，亦可见到黄、白、灰、褐、红等色。蜡状光泽至玻璃光泽。半透明至微透明。莫氏硬度 2.5 ～ 6。密度 2.4 ～ 2.8 克 / 厘米 ^{3}。

块状蛇纹石玉

◆ **分类**

蛇纹石质玉按产状可分为山料玉和河料玉。山料玉是指从山地里原生蛇纹石玉矿采掘出来的玉料。河料玉是指产于河谷泥沙砾石层中的蛇纹石玉砾石，一般呈球状或近球状，普遍发育灰白色或黄褐色的风化外皮。它是由河流上游裸露地标的原生蛇纹石玉破碎经洪水冲刷滚入河中，再经长期磨蚀搬运而形成的。

◆ **评价**

蛇纹石质玉的质量评价主要依据颜色、透明度、质地、净度、跑色程度、裂隙、块度、工艺水平 8 个方面进行评价。

◆ **产地及命名**

主要产于蛇纹石化超基性岩、蚀变镁质碳酸岩中。由于在世界各地均有产出，蛇纹石玉常常因产地的不同有许多名称，如新西兰产的称鲍文玉，美国产的称威廉玉，朝鲜产的称高丽玉。在中国，蛇纹石玉也有众多名称，如产于辽宁岫岩的称为岫岩玉、产于陕西蓝田县的称为蓝田玉。

软 玉

软玉是由透闪石－阳起石类质同象系列矿物组成的隐晶质集合体。1863 年法国化学家兼矿物学家 A. 德摩尔经过现代测试，将以透闪石为主要成分的玉石命名为 Nephrite，译为"软玉"。中国是软玉的著名产出国，主要产地在新疆和田，历史上最为著名，所以又称其为和田玉。除透闪石和阳起石外，软玉中还可含微量的绿帘石、透辉石、绿泥石、蛇纹石、磁铁矿等。主要为毛毡状交织结构或纤维交织结构，因此，软玉质地细腻、韧性好、不易碎裂，是优良的玉石雕刻材料，在中国具有悠久的利用历史。微透明，莫氏硬度 6 ～ 6.5，密度 2.95 克 / 厘米 ^{3} 左右。油脂光泽。

软玉常见颜色有白色、青白色、青色、糖色、绿色、黑色和黄色等。主要品种有白玉、青白玉、青玉、碧玉、黄玉、糖玉、墨玉。当主要组成矿物为 Fe 含量低的透闪石时，软玉呈白色，羊脂玉白如截肪，属于白玉中品质最好的，在中国久负盛名。随着 Fe 对透闪石分子中 Mg 的类质同象替代，软玉的颜色向青色过渡，Fe 含量越高，青色越深，直至变成深绿色的铁阳起石；Cr 离子的存在，会使软玉变成翠绿的颜色，一般称为碧玉；当软玉中含有较多的细微石墨时，整体呈黑色，称为墨玉。

高品质软玉的形成与岩浆作用密切相关。中酸性岩浆与镁质大理岩接触交代形成透闪石岩，经后期多次的地质构造活动改造，形成了结构细腻、质地温润的软玉。软玉的产状主要有原生矿和次生矿。次生矿的类型有坡积型软玉、冰碛型软玉、山流水料、子料和戈壁料。新疆西昆仑地区是中国优质软玉的主要产地，和田地区玉龙喀什河与喀拉喀什河里开采的软玉次生矿（子料）尤为知名，其表面一般会有薄薄的一层皮色，具有重要的经济价值。在中国青海、辽宁、台湾、贵州、广西、西藏等地也发现了软玉或者软玉化的矿石。俄罗斯、韩国、加拿大、新西兰、澳大利亚等地也有软玉产出。

碧　玺

碧玺是宝石级电气石，化学组成为 $(Na,K,Ca)(Al,Fe,Li,Mg,Mn)_3$ $(Al,Cr,Fe,V)_6[BO_3]_3[Si_6O_{18}](OH,F)_4$。碧玺的颜色鲜艳，清澈透明，是颜色最为丰富的宝石品种。英文名称为"Tourmaline"，源于古僧伽罗语"Turmali"，意为"混合颜色的宝石"。

碧玺矿物是极为复杂的硼硅酸盐，以含硼（B）元素为特征，化学成分上的差异是碧玺具有丰富颜色的主要原因。三方晶系。晶体常呈柱状，晶体两端晶面不同，柱面上纵纹发育，横断面呈球面三角形。无解理，贝壳状断口。莫氏硬度 7～8，密度 3.06（+0.20，-0.06）克/厘米^3，折射率 1.624～1.644，玻璃光泽，一般无荧光，粉红色碧玺在长、短波紫外光照射下有弱红到紫色的荧光。碧玺内部常见不规则线状、管状包体和平行 c 轴的扁平薄层空穴，部分碧玺可见大量平行纤维状包体，磨制后可出现猫眼效应。碧玺的颜色可以从无色到各种颜色，其致色原因多数与过渡性金属元素离子间的电荷转移有关，部分与天然辐照所致的晶格点缺陷及发光中心有关。一般富含铁的碧玺呈暗绿、深蓝、暗褐或黑色；富含镁的碧玺呈黄色或褐色；富含锂和锰的碧玺呈玫瑰红色，亦可呈淡蓝色；富含铬的碧玺呈深绿色。碧玺色带发育，可在一个单晶体垂直 c 轴形成平行排列的双色或三色色带，也可依 c 轴为中心形成色环。

多种颜色的碧玺

在众多碧玺品种中，含铜和锰的蓝色、蓝绿色到绿蓝色或者绿色的锂电气石碧玺被称为帕拉伊巴碧玺，是最珍贵的碧玺品种。

碧玺主要产出于花岗岩、花岗伟晶岩和变质岩（如片岩和大理岩）中，少量在砂岩和砾岩中出现。世界已发现的碧玺矿床和矿点有300多个，具一定规模和开采价值的占10% ～ 15%。碧玺的主要产地有巴西、斯里兰卡、坦桑尼亚、尼日利亚、肯尼亚、马达加斯加、莫桑比克、纳米比亚、马拉维、阿富汗、巴基斯坦等国。中国碧玺主要产自新疆阿尔泰山和云南哀牢山，在内蒙古和广西也有产出。

紫水晶

紫水晶是水晶的紫色品种，因 SiO_2 成分中含微量铁（Fe）而呈紫色（深紫至浅紫），颜色常不均匀分布。紫水晶的颜色从浅紫色到深紫色，可带有不同程度的褐色、红色、蓝色等，常见由于颜色不均匀分布而形成的色带。主要化学成分为 SiO_2，含有微量 Fe。玻璃光泽，断口油脂光泽；透明 – 半透明，透明度常随包体数量和颜色的加深而降低。世界上主要产地有巴西、马达加斯加、乌拉圭、俄罗斯、加拿大、斯里兰卡等，中国新疆、山西、内蒙古、云南等地也有少量产出。

坦桑石

坦桑石是蓝色到紫蓝色的透明黝帘石品种，因其商业产区为坦桑尼亚梅勒拉尼山而得名。化学式为 $Ca_2Al_3(SiO_4)_3(OH)$，可含有 V、Cr、Mn 等元素。摩氏硬度为 6 ～ 7，密度为 3.35（+0.10，-0.25）克 / 厘米^3，折射率为 1.691 ～ 1.700（±0.005），双折射率为 0.008 ～ 0.013。属斜方晶系，常呈柱状或板柱状，有平行柱面的条纹。常见颜色为带褐色调的绿蓝色，还有灰、褐、黄、绿、浅粉色等。经处理后，可去掉褐绿至灰黄色，呈蓝色、蓝紫色，玻璃光泽，透明，二轴晶正光性，三色性强，绿色的多色性表现为蓝色 – 紫红色 – 绿黄色，褐色的多色性为绿色 – 紫色 – 浅蓝色，黄绿色的多色性为暗蓝色 – 黄绿色 – 紫，蓝色的吸收光谱在 595 纳米有一吸收带，528 纳米有一弱吸收带，黄色的吸收光谱在 455 纳米处有一吸收带，在紫外光荧光下无反应。可见猫眼效应，但是稀少。具一组解理，贝壳状到参差状断口。内部含有气液包体以及阳起石、石墨和十字石等矿物包体。

优化处理方法有热处理，产生紫色、蓝色，且颜色比较稳定。另外还有覆膜、扩散处理。

产地主要为坦桑尼亚、美国、墨西哥、格陵兰、奥地利、瑞士等。其中，坦桑尼亚是主要出产国，其重要产地在里拉蒂马地区的梅勒拉尼。多由区域变质和蚀变而形成，如钙质岩石在区域变质作用下形成含黝帘石的云母片岩，富钙斜长石经热液蚀变而成为黝帘石。坦桑石的形成与伟晶岩活动和热液蚀变作用有关。

可从颜色、净度、切工和克拉重量等方面来进行质量评价。颜色越接近蓝宝石的质量越好。

日光石

日光石是由钠奥长石、拉长石组成并具有砂金效应的长石族宝石，又称砂金长石、太阳石。摩氏硬度为 6 ～ 6.5，密度为 2.65（+0.02，-0.03）克 / 厘米 ^{3}，折射率为 1.537 ～ 1.547（+0.004，-0.006），双折率为 0.007 ～ 0.010。日光石属三斜晶系，短柱状或厚板状，常呈块状，并发育有聚片双晶等，在底面解理面上可见重复的双晶纹。常见颜色为黄色、橙黄色至棕色、褐色，透明至不透明，玻璃光泽，二轴晶，在紫外光下无反应，具有砂金效应，即随着宝石的转动，能反射出红色或金色的反光，这是因其含有大致定向排列的金属矿物薄片，如赤铁矿、铜或其他矿物。砂金效应的强弱取决于包裹体的大小。具两组完全解理，贝壳状至阶梯状断口。内部有红色或金色的板状包体，具金属质感。优化处理方法有浸蜡、覆膜、扩散、辐照、充填等。

产地主要为挪威南部的特韦德斯特兰，俄罗斯贝加尔湖地区，加拿大，印度南部，美国的纽约、俄勒冈州、新泽西州及犹他州。主要产于片麻岩中的石英脉（如挪威）、伟晶岩（如印度、马达加斯加）中。

主要从特殊光学效应及其颜色、透明度、净度几个方面来进行质量评价。以金黄色、具强砂金效应者为最好。

月光石

月光石是由钾长石和钠长石定向交生形成的长石族宝石，又称月长石、月亮石，单斜或三斜晶系。通常呈无色至白色，还有红棕色、绿色、暗褐色，透明或半透明，常见蓝色、无色或黄色等晕彩，具有月光效应的特征（随着样品的转动，在某一角度，可以见到白至蓝色的发光效应，看似朦胧月光）。还可具猫眼效应或星光效应，但很少见。光性非均质体，二轴晶，负光性。折射率为 $1.518 \sim 1.526$（± 0.010），双折射率为 $0.005 \sim 0.008$。莫氏硬度 $6.0 \sim 6.5$。密度 2.58（± 0.03）克／厘米^3。两组完全解理。月光石在长波紫外光下呈弱蓝色荧光，短波紫外光下呈弱橙红色荧光，X射线照射下呈白至紫色。

月光石主要产于砾石层中以及酸性麻粒岩和伟晶岩中。重要产地是斯里兰卡的达姆巴拉地区。

月光效应

其他产地有印度、马达加斯加、缅甸、坦桑尼亚、美国等。中国的内蒙古、河北、安徽、四川、云南等地也有月光石产出。

珍　珠

珍珠是由珍珠贝类软体动物生成的、具有珍珠质的生物矿物。珍珠，中国古代称之为真珠，最初由人类在海河沿岸寻找食物时发现。距今约2亿年前的地球上就有珍珠，中国从夏朝开始采蚌取珠。在封建社会，珍珠被皇家和封建贵族视为身份的象征，清朝的珍珠使用达到了顶峰。自古至今，珍珠一直是人们特别是妇女喜欢的珍宝之一，因此被称为宝石皇后和有机宝石皇后。

◆ 形成过程

珍珠贝类软体动物的外套膜在受到微小砂粒或者生物等外来物和外来力的刺激与压力下，受刺激处的表皮细胞以异物为核，其外皮的单层上皮组织局部或部分细胞下陷逐渐形成珍珠囊；珍珠囊的外套膜分泌出珍珠质，围绕着其皮囊层复一层把核包被起来最终形成珍珠。

◆ 形态结构

珍珠中的碳酸钙主要以斜方晶系的文石出现，少数以晶系的方解石出现。主要由碳酸钙、少量有机质和水组成，是同心环状的珍珠层结构。珍珠多为圆形、椭圆形、梨形等，颜色以银白色、浅黄色、金黄色、蓝色和黑色等为主。淡水珍珠的颜色更为丰富，常有白色、浅黄色、金黄色、蓝色和黑色等，甚至在同一个蚌中会有好几个不同颜色的珍珠；黑珍珠不仅少见，同时包括灰色、蓝色、紫色和褐色等色调。珍珠光泽的强弱与珍珠质的疏密有关，不同珠母质厚度的珍珠表面光泽也不同；绝大多数的珍珠是透明的，少数为半透明。珍珠的硬度 3.1～4.5，密度 2.6～2.8克/厘米^3，折射率 1.520～1.685。在长波和短波下，珍珠显现出浅蓝色、浅黄色和粉红色，但是黑珍珠在长波紫外光下多为惰性。

◆ **养殖方式**

中国是著名的珍珠养殖大国，中国的珍珠养殖分为海水养殖和淡水养殖。海水养殖指海水贝类产出的珍珠，其质量优于淡水养殖。中国的海水养殖以广西、广东、海南和福建沿海为主，南海已经成为养殖大型珍珠的中心；中国的淡水养殖以浙江、江苏、江西、湖南和湖北等地为主，其中浙江诸暨是中国最大的淡水养殖珍珠基地，每年出口的淡水养殖珍珠占全国产量的 80% 以上。

◆ **主要类型**

在中国，按照产出环境，可以将珍珠分为海水养殖珍珠和淡水养殖珍珠；按照产地，可以将珍珠分为南珠、北珠和太湖珠等。

南珠

产于广西合浦。属于海水珍珠。又称为合浦珍珠。广西合浦采珠始于汉代，距今已有 2000 多年的历史，是著名的"珠城"。因其产珠环境好，质量极优，形圆，光泽强，成为珍珠之冠。

北珠

中国历史上的明珠。主要产于中国北方的牡丹江、黑龙江、鸭绿江和乌苏里江等地,是淡水珍珠。其中以产于黑龙江至吉林境内的松花江、嫩江和瑷珲河一带的品质最佳。以白色、黄白色、淡黄色、灰黑色等颜色为主,一般都带有不同程度的黑色调,形状多呈长珠形,大小不一。自汉代开采以来,由于历史上的过度开采,近趋于衰竭。

太湖珠

产于江苏太湖。太湖是中国江浙一带淡水养殖珍珠的重要基地之一,产珠的软体动物以河蚌为主,尤其是用三角蚌培养的珍珠,更是其中的佼佼者,特点是表面褶皱少、圆润、柔光,光泽明艳。

珊　瑚

珊瑚是由低等腔肠海洋动物珊瑚虫分泌的、以钙质为主体的支撑骨架堆积物,又称烽火树。中国对珊瑚的认识较早,除将颜色艳丽、质地致密的特殊品种制成雕件、盆景之外,古人还把珊瑚用作定睛明目的名贵中药。

◆ 形态结构

主要由隐晶质方解石组成,形态奇特,多呈树枝状、蜂窝状等。珊瑚可以分为碳酸盐质珊瑚和介壳质珊瑚两大类。碳酸盐质珊瑚的主要成分为碳酸钙,含有一定的有机质,并且是以微晶方解石集合体形式出现;介壳质珊瑚以有机化合物为主。珊瑚常见的颜色有白色、奶油色、浅粉色至深红色、橙色、金黄色和黑色,少数为蓝色和紫色;碳酸盐珊瑚以深红色、桃红色和白色为主,桃红色最受欢迎也最为名贵。珊瑚的光泽是蜡状和油脂状，透明度由微透明到不透明。硬度为 2.5 ～ 3.5，碳酸盐珊瑚的硬度多为 2.65，介壳质珊瑚的硬度多为 1.37。碳酸盐珊瑚的密度为 2.65 克 / 厘米³，介壳质珊瑚的密度为 1.35。另外，珊瑚不耐酸，碳酸盐类珊瑚遇到酸会起泡，但介壳质珊瑚遇酸不起泡。

◆ **主要种类**

珊瑚多产于沿岸和沙岸的交接处，产区范围大。盛产于南纬 30° 和北纬 30° 之间的海域，尤以中国台湾和澎湖列岛附近海域为主。按照珊瑚的成分和颜色，可以将中国珊瑚分为红珊瑚和白珊瑚。

中国代表性的珊瑚类型及性质

类型	特征	用途	产地
红珊瑚	浅—深色调的红、橙红、肉红色，主要成分为方解石	多用来加工成首饰	主要在中国台湾附近海域，中国福建、厦门附近海域也有少量
白珊瑚	白、灰、乳白和瓷白色等色调，主要成分为文石	多用于盆景工艺	中国南海海域、澎湖列岛周边海域、琉球群岛周边海域以及菲律宾海域等

红珊瑚

又称贵珊瑚。通常呈浅至暗色调的红或橙红色，有时呈肉红色，主要成分为方解石。红珊瑚有较多的石灰质和角质，同时，其骨骼没有多孔性，加上其所具有的红色色调，因此多被加工成造型精美的首饰。中国台湾附近海域盛产红珊瑚，其蕴藏量占世界红珊瑚总量的 80%；福建厦门附近海域也有少量的红珊瑚存在。红珊瑚是大自然产生的瑰宝，被称为宝石级珊瑚，价值极高。

白珊瑚

主要分布于中国南海海域、澎湖列岛周边海域、琉球群岛周边海域，以及菲律宾海域等。其中，中国海南海域的白珊瑚产量最高。白珊瑚颜色主要有白色、灰色、乳白和瓷白色，主要成分为文石，但其质地较为疏松，因此多用于盆景工艺。

第 3 章

宝石主要元素

碳

碳元素符号 C，原子序数 6，原子量 12.011，属周期系 IVA 族。英文名来源于拉丁文 carbo，原意是"炭"。因为它是一种非金属固态元素，按照中文元素命名原则命名为碳。

◆ 存在

碳是自然界中分布广泛的元素之一，在地壳中的含量约为 0.02%。在太阳、行星以及其他许多天体的大气中含有大量的碳，例如，火星大气中二氧化碳占 96.2%。在陨石中也发现有碳的微粒。碳既以单质形式存在，又以化合物的形式存在。碳原子利用不同类别的杂化方式构筑了丰富多彩的碳单质世界。单质碳的同素异形体形式多样，主要有金刚石、石墨、无定形碳（包括焦炭、炭黑、活性炭、碳纤维、玻璃炭等）以及具有封闭多面体笼状结构的富勒烯等存在形式。新型结构的碳不断被发现，如具有管状结构的碳纳米管、具有线型结构的线型碳、具有环状结构的环碳、具有层状结构的石墨烯、石墨炔以及三维立方结构的 T- 碳等。这些单质碳结构不同，性质迥异。自然界中，碳主要以化合状态存在，如二氧化碳在大气中的体积分数约为 0.03%，并能溶解于天然水中。钙、镁、铁等碳酸盐是岩石和矿物的重要组成成分，如石灰石和大理石（$CaCO_3$）、白云石（$CaCO_3 \cdot MgCO_3$）、菱铁矿（$FeCO_3$）、重晶石（$BaCO_3$）、孔雀石 $Cu_2[CO_3](OH)_2$ 等。碳是地球生命的基本元素之一，能与氢、氮、氧及其他元素生成众多的有机化合物以及生物物质。地下蕴藏的矿物燃料石油、煤炭、天然气主要是碳氢化合物。

◆ 同位素

碳有 15 种同位素，其中最主要的是天然同位素碳 -12（碳元素的主要成分，在天然碳中占 98.89%）和碳 -13（占 1.11%），以及放射性同位素碳 -14（占 1.2×10^{-10}%，半衰期 5730 年），其他同位素均较不稳定。1961 年国际纯粹与应用化学联合会以碳 -12 同位素质量的 1/12 作为标准，取得其他原子的相对原子质量。碳 -14 是碳中最稳定、最重要的放射性同位素。自然界中的碳 -14 是宇宙射线中的中子轰击高空大气中的氮 -14 生成的。

碳 -14 和大气中的氧化合生成二氧化碳（$^{14}CO_2$），并被地球上的生物吸收。宇宙射线强度稳定时，$^{14}CO_2$ 浓度不变。生物体内的碳循环不断进行使其体内碳 -14 的含量保持不变。生物一旦死亡，留在体内的碳 -14 发生 β 衰变而逐渐减少。测定生物遗存物中碳 -14 的含量，就可以估算生物体死亡的年代，从而判断生物体所在地的地质年代。

◆ 性质

单质碳的物理、化学性质取决于它的晶体结构和显微结构。

物理性质

金刚石中每个碳原子以 sp^3 杂化轨道按四面体的四个顶角方向和其他四个碳原子通过 σ 键结合，形成无限的三维骨架。金刚石是已知

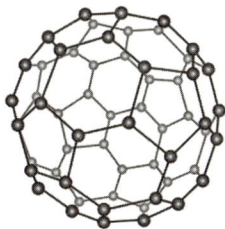

碳的同素异形体

天然物质中硬度最大的，也是已知热导率最高的物质。金刚石绝缘性好、耐磨性高、抗腐蚀、抗辐射。

石墨中每个碳原子与相邻三个碳原子按平面三角形等距离地以 sp^2 共价键结合，形成无限伸展的六角碳环平面层状结构，各层碳原子内未杂化的 p 轨道重叠形成大 π 键，层间是范德瓦耳斯力，因此石墨是良好的固体润滑剂，层内的离域 π 键使得石墨是热和电的二维良导体。

无定形碳，顾名思义，没有特定的形状和周期结构规律。例如，活性炭是以石墨乱层形成的微粒，其中有许多可嵌入的空隙和层间隙，因而具有良好的吸附性能。

富勒烯是由碳原子组成的具有封闭笼形结构的碳原子簇的总称。第一个合成的富勒烯是 60 个碳原子构成的具有 12 个五元环面和 10 个六元环面的 C_{60}，每个碳原子和周围 3 个碳原子相连，形成 3 个共价键，剩余的电子组成大 π 键，C_{60} 有很高的对称性，是一种稳定的分子，可耐很高的温度和压力。

碳纳米管是由单层或多层石墨碳层卷曲而成圆柱状碳，具有较高的强度和弹性。线型碳（碳炔）是碳原子以 sp 杂化轨道彼此键连形成线

形碳分子。

石墨烯是由碳原子以 sp^2 杂化轨道组成六角蜂巢结构的平面薄膜，是仅有一个碳原子厚度的二维材料。

石墨炔则是由 sp 和 sp^2 杂化轨道形成的二维平面网络结构，是第一个以 sp、sp^2 两种杂化态形成的碳同素异形体。

T- 碳则是立方金刚石中的每个碳原子被由四个碳原子组成的正四面体结构单元取代形成的三维立方晶体结构。

环碳分子是由碳原子首尾相连形成单叁键交替的碳环。

碳的同素异形体结构不同，物理性质千差万别。金刚石的密度 3.513 克 / 厘米 ^{3}，石墨 2.2 克 / 厘米 ^{3}，无定形碳 1.9 克 / 厘米 ^{3}。金刚石的熔点 4440℃（12.4 吉帕）。石墨的升华温度 3825℃。

化学性质

碳原子的电子组态为 $1s^2 2s^2 2p^2$，有 4 个价电子，氧化态 +2、+3、+4，电负性中等，电离能 I_1=1087 千焦 / 摩，I_2=2352 千焦 / 摩，I_3=4621 千焦 / 摩，I_4=6221 千焦 / 摩。碳容易形成由共价键结合的化合物，碳原子以 sp、sp^2、sp^3 杂化方式成键。碳在常温下化学性质不活泼，很难氧化，也不与酸或碱反应。高温下碳可与氧或硫蒸气化合，分别生成二氧化碳或二硫化碳，也可与多种金属如钙、钨、钛以及硼、硅反应生成相应的碳化物。高温下碳可与金属氧化物中的氧化合，将其还原为金属。

◆ **制法**

任何有机物在被加热分解时都能转变为单质碳。碳化过程包括脱去有机物中的氢和其他原子，转变为碳的高聚物，进而转变为类似石墨结构的单质碳。根据有机物原料的不同以及加热碳化方式和条件的不同，可以制得各种形态的单质碳产物。例如，将烟煤隔绝空气加热至高温，除去其中的挥发物成分，可以制得焦炭。将沥青制得的焦炭在3000℃的电炉中加热，可以制得石墨。将木材、果壳加热分解、碳化，再加以氧化活化，可以制得活性炭。由酚醛树脂或聚亚胺酯在控制条件下热解可以制得玻璃碳。在控制条件下使高分子纤维或织物碳化还可以制得碳纤维或碳布。乙炔、煤油等在不完全燃烧的情况下生成颗粒极细的炭黑。在高温高压和有催化剂的条件下，可以将石墨转化为金刚石。C_{60}、C_{70}和碳纳米管可以用石墨棒做电极，在氦气中放电，从阴极沉淀物中分离得出。

◆ **应用**

不同结构、形态和性能的单质碳，各有不同的用途。金刚石由于其高折射率，可作为珍贵的观赏宝石；由于其高硬度，大量应用于磨料以及电子电器的超精研磨抛光，或制成用于钻孔、切割的钻头、锯片等，并作为金属等的镀膜添加剂；由于其高导热性，可作为计算机芯片。焦炭在冶金工业中作为还原剂，还原金属氧化物矿石（如氧化铁、氧化锌）制备金属单质。活性炭具有大量微孔和活性内表面，有很强的吸附性能，可用作吸附剂以脱去气体和液体中的杂质、颜色和气味。炭黑用作橡胶制品（如汽车轮胎、传送带）中的填充剂，以增加其强度和耐磨性。玻璃炭具有致密、不透性和化学惰性，其硬度和脆性类似普通玻璃，可以制作实验室化学反应用或生长硅单晶用的坩埚及其他器皿。碳纤维可以做成柔性、气密的膜片以代替石棉，也可以做成质地轻、强度大的复合材料器件，如钓鱼竿等。

硅

硅元素符号 Si，原子序数 14，原子量 28.085，属周期系 IVA 族，非金属元素。有三种天然的稳定同位素 ^{28}Si（92.2%）、^{29}Si（4.7%）和 ^{30}Si（3.1%），还有质量数为 25、26、27、31 和 32 的人工放射性同位素。

◆ 发现

1811 年，J.-L. 盖－吕萨克和 L.-J. 泰纳尔加热钾和四氟化硅得到不纯的无定形硅，根据拉丁文 silex（燧石）命名为 silicon。1824 年，J.J. 贝采利乌斯用同样的方法，但经过反复洗涤除去其中的氟硅酸，得到纯无定形硅。1854 年，H.S.-C. 德维尔第一次制得晶态硅。

◆ 存在

硅约占地壳总重量的 28.2%，仅次于氧。在自然界中，硅都以含氧化合物形式存在，其中最简单的是硅和氧的化合物硅石 SiO_2。石英、水晶等是纯硅石的变体。矿石和岩石中的硅氧化合物统称硅酸盐，较重要的有长石 $KAlSi_3O_8$、高岭土 $Al_2Si_2O_5(OH)_4$、滑石 $Mg_3(Si_4O_{10})(OH)_2$、云母 $KAl_2(AlSi_3O_{10})(OH)_2$、石棉 $H_4Mg_3Si_2O_9$、钠沸石 $Na_2(Al_2Si_3O_{10}) \cdot 2H_2O$、石榴石 $Ca_3Al_2(SiO_4)_3$、锆石英 $ZrSiO_4$ 和绿柱石 $Be_3Al_2Si_6O_{18}$ 等。土壤、黏土和沙子是天然硅酸盐岩石风化后的产物。

◆ 物理性质

硅有晶态和无定形两种形态。晶态硅具有金刚石型体心立方晶格结构，质地硬而脆，密度 2.3296 克 / 厘米 ^{3}，熔点 1414℃，沸点 3265℃，莫氏硬度 7。无定形硅是灰黑色粉末，实际是微晶体。

纯硅具有本征半导体性质。在纯的晶态硅中掺入微量杂质可以大大提高其电导率。掺入 IIIA 族元素，如硼原子，就形成 P 型硅半导体；若掺入 VA 族元素，如磷、砷原子，则形成 N 型硅半导体。单晶硅可以透过波长 1.3 ～ 6.7 微米的红外线。

◆ **化学性质**

硅原子的电子组态为 $(Ne)3s^23p^2$，氧化态 +4、+2。硅在常温下不活泼；在加热下，能与卤素反应生成四卤化硅。硅在室温下很快被氧化生成厚约 10^{-9} 米的二氧化硅保护膜，650℃ 时硅开始与氧反应。单质硅在高温下还能与碳、氮、硫等非金属单质化合，分别生成碳化硅 SiC、氮化硅 Si_3N_4 和硫化硅 SiS_2 等。高温下硅还能与钙、镁、铜、铁、铂和铋等化合，生成相应的金属硅化物。

单质硅能溶于浓硝酸和氢氟酸的混合酸，生成二氧化硅，进而溶解生成四氟化硅。在氢氧化钠（或氢氧化钾）的浓溶液中，单质硅能缓慢溶解，生成硅酸盐溶液并放出氢气。

Si — O 键能高达 88.2 千卡 / 摩，这决定了硅的化学性质。硅可以生成很多种含氧化合物，特别是各种硅酸盐类，为地壳的主要组成。Si — Si 键能仅为 42.2 千卡 / 摩，低于 C — C 键能 83.1 千卡 / 摩，因此硅不能像碳原子那样生成数以百万计的有机化合物。

◆ **制法**

实验室里可用镁粉在赤热下还原粉状二氧化硅，用稀酸洗去生成的氧化镁和镁粉，再用氢氟酸洗去未作用的二氧化硅，即得单质硅。这种方法制得的都是不够纯净的无定形硅，为棕黑色粉末。工业上生产硅是在电弧炉中还原硅石（SiO_2 含量大于 99%）。使用的还原剂为石油焦和木炭等。使用直流电弧炉时，能全部用石油焦代替木炭。石油焦的灰分低（0.3% ～ 0.8%），采用质量高的硅石（SiO_2 大于 99%），可直接炼出制造硅钢片用的高质量硅。高纯的半导体硅可在 1200℃ 的热硅棒上用氢气还原高纯的 $SiHCl_3$ 或 $SiCl_4$ 制得。超纯的单晶硅可通过直拉法或区域熔炼法等制备。

◆ 应用

超纯单质硅用作半导体材料。粗的单质硅及其金属的互化物组成的合金，常被用来增强铝、镁和铜等金属的强度。硅铁合金可作炼钢的脱氧剂，含硅量较高的硅钢常用于制造耐化学腐蚀的化工设备，硅钢片可用于制发电机、电动机和变压器。纯度为 98% ～ 99% 的硅是制备有机硅化合物、硅酮树脂、硅酮橡胶和硅酮油类的原料。

◆ 对人体的影响

硅是人体必需的微量元素之一。占体重的 0.026%。硅及含硅的粉尘对人体最大的危害是引起硅肺。硅肺是严重的职业病之一，矿工、石材加工工人以及其他在含有硅粉尘场所的工人应采取必要的防护措施。

铍

铍元素符号 Be，原子序数 4，原子量 9.0121831(5)，属周期系 IIA 族。碱土金属。

◆ 发现

1798 年，法国化学家 N.-L. 沃克兰对绿柱石和祖母绿进行化学分析时发现了铍。单质铍是 1828 年由德国化学家 F. 维勒用金属钾还原熔融的氯化铍而得到。18 世纪末，沃克兰对金绿石和绿柱石进行了化学分析，发现两者的化学成分完全相同，并且其中含有一种新元素，称它为glucinium，这一名词来自希腊文 glykys，是甜的意思，因为铍的盐类有甜味，后来维勒把它命名为 beryllium，它来源于铍的主要矿石——绿柱石的英文名称 beryl。

◆ **存在**

铍在地壳中的含量为 $2.8×10^{-4}$%。主要矿物有绿柱石（$Be_3Al_2Si_6O_{18}$）、硅铍石（Be_2SiO_4）、硅酸铍石 [$Be_4Si_2O_7(OH)_2$] 和硅钡铍石（$BaBe_2Si_2O_7$）等。某些透明、有颜色的铍掺合物称为宝石，如绿宝石和海蓝宝石。已知含铍矿物有 30 多种，但仅绿柱石具有工业价值。绿柱石是一种铍铝硅酸盐，理论上含氧化铍 BeO 近 14%。实际上 BeO 含量一般为9% ～ 13%；主要产于巴西、阿根廷、印度、南非等。中国新疆、江西等地也出产。1968 年开始使用含水硅铍石制铍。含水硅铍石中氧化铍的理论含量为 39% ～ 42%，但是工业矿物呈高度分散状态，氧化铍含量只有 1.7% ～ 2.5%，主要产于美国。

◆ **物理性质**

钢灰色金属，属六方密堆结构，密度 1.85 克 / 厘米 ^{3}，熔点 1287℃，沸点 2468℃。硬度比同族金属高，不像钙、锶、钡可以用刀子切割。

◆ **化学性质**

铍原子的电子组态为 $1s^22s^2$，容易失去两个电子，氧化态 +2。铍与元素周期表对角线位置的铝的化学性质更相似，能形成保护性氧化膜，即使红热状态在空气中也稳定。常温下与水不反应，与稀酸、碱反应，与浓硫酸反应慢；在冷浓硝酸中钝化。

◆ 制法

工业上从绿柱石、硅酸铍石等矿物提取铍的化合物。用热还原法制备铍，如 900 ～ 1000℃ 下用镁还原氟化铍：

$$BeF_2 + Mg \longrightarrow Be + MgF_2$$

也常采用熔盐电解法制备铍。

◆ 应用

铍作为一种新兴材料日益被重视。①在所有的金属中，铍透过 X 射线的能力最强，有金属玻璃之称，是制造 X 射线管小窗口不可取代的材料。②是原子能工业之宝。铍核被中子、粒子、氚核及 γ 射线撞击或照射时产生中子，因此是一种中子源材料。铍原子的热中子吸收截面为 0.009 靶恩。在原子反应堆里，铍是能够提供大量中子炮弹的中子源（每秒钟内能产生几十万个中子）；对快中子有很强的减速作用，可以使裂变反应连续不断地进行下去，所以是原子反应堆中最好的中子减速剂。为了防止中子跑出反应堆危及工作人员的安全，反应堆的四周得有一圈中子反射层，用来强迫那些企图跑出反应堆的中子返回反应堆中去。铍的氧化物不仅能够像镜子反射光线那样把中子反射回去，而且熔点高、耐高温，是反应堆里中子反射层的材料。③优质的宇航材料。铍比常用的铝和钛都轻，强度是钢的四倍。铍的吸热能力强，机械性能稳定。④在冶金工业中，含铍 1% ～ 3.5% 的青铜称为铍青铜，机械性能比钢好，且抗腐蚀性好，能保持很高的导电性，被用来制造手表里的游丝、高速轴承、海底电缆等。含有一定数量镍的铍青铜受撞击时不产生火花，利用这一性质，可制作石油、矿山工业专用的凿子、锤子、钻头等，防止火灾和爆炸事故。含镍的铍青铜不受磁铁吸引，可制造防磁零件。工业用铍大部分以氧化铍形态用于铍铜合金的生产，小部分以金属铍形态应用，另有小量用作氧化铍陶瓷等。

◆ **毒性**

铍有毒，烟尘中的铍化合物被吸入后会引起呼吸道损伤，导致肺炎和慢性病。可溶性铍盐特别是氟化铍接触皮肤可引发皮炎。Be^{2+} 可在人体器官中积累、存留较长时间，铍化合物是可疑致癌物。因此在使用时要注意防护，要在手套箱或通风橱内操作。

铝

铝元素符号Al，原子序数13，原子量26.9815384(3)，属周期系ⅢA族。

◆ **发现**

1825年，丹麦化学家Ⅱ.C.奥斯特在氧化铝和木炭的混合物中通入氯气，得到了氯化铝。随后用钾汞齐还原氯化铝，将得到的铝汞齐蒸除汞，第一次分离出不纯的金属铝。1827年，德国化学家F.维勒改进了奥斯特的实验方法，用钾还原氯化铝得到了较纯的金属铝粉末。1854年，法国化学家H.S.-C.德维尔用金属钠还原氯化钠和氯化铝的熔盐，制得产率及纯度（约为92%）较高的金属铝。同年，德维尔和德国R.W.本生首次提出利用电解熔融的$NaAlCl_4$的方法制取铝，并分别在实验室获得成功，得到纯度约为96%的金属铝。1886年，美国C.M.霍尔和法国P.-L.-T.埃鲁分别发展了电解熔盐的制铝法——将氧化铝和冰晶石

（Na_3AlF_6）的熔盐用直流电电解。这一方法使铝可以大规模地进行工业化生产，价格大跌，成为可供实用的金属。

◆ 存在

铝在地壳中的含量约 8.23%，仅次于氧和硅。自然界未发现有游离态的铝，其主要以铝硅酸盐形式广泛分布于岩石、泥土中。岩石风化时，硅酸铝沉积为黏土矿或脱水成铝土矿。刚玉是纯的结晶氧化铝，含铝矿石还有明矾、冰晶石等。

◆ 物理性质

银白色的金属，质轻、较软（莫氏硬度 2.9），密度 2.70 克 / 厘米^3，熔点 660.323℃，沸点 2519℃。具有良好的延展性。硅、铜、铁、锌、锡、镁、锰等金属易溶于铝形成相应的合金。铝具有良好的导电性、导热性和反射性。纯铝的电导率是退火铜的 64%；温度在 50K 以下时电阻率小于纯的铜和银，在 1.2K 以下可变为超导体。铝无磁性，磁阻饱和值低，故可应用在高强磁场的磁铁中。铝是可近似用作黑体的物质，在红外区铝的反射性仅次于金和银。氢气是唯一可微溶于固态或熔融态铝中的气体，其溶解度随温度升高而增大。

◆ 化学性质

铝原子的电子组态为 $(Ne)3s^23p^1$，在化合物中通常表现为 +3 氧化态，在高温时有 +1 和 +2 氧化态。铝的化学性质活泼，常温下，在干燥空气中铝的表面立即形成厚度约 50 埃（最厚可达 100 埃）的致密氧化膜，使铝不会进一步氧化并能耐水的腐蚀。这层氧化膜可吸附染料而使铝着色，还可在硼酸、磷酸中借阳极氧化而加厚，以提高其耐腐蚀性。粉状的铝与空气混合则极易燃烧。铝与氧化合时生成热很高（Al_2O_3 的生成热为 1075 千焦 / 摩），因此在高温下能将许多金属氧化物还原为相应的金属，即所谓铝热还原反应法。铝还能与卤素、硫、氮、磷和碳等作用。粉状铝能与沸腾的水猛烈反应，生成氢氧化铝和氢气，但与冷水反应缓慢。

铝是两性的，既易溶于强碱形成铝酸盐和释放出氢，也能溶于稀酸，生成相应的铝盐和释放出氢。

铝的纯度越高，与酸反应越慢，99.95% 以上的纯铝只溶于王水，在冷的浓硫酸和浓硝酸中铝表面被钝化。因此铝可用来贮藏浓硫酸、浓硝酸及一些有机酸等化学试剂。

◆ **制法**

现代电解铝的方法是将氧化铝熔解于冰晶石（Na_3AlF_6，占大部分）、CaF_2 和 NaF（用以降低熔点）中，以内衬为耐火砖的钢槽为电解池电解。电解池的内壁及炉底的表面以石墨为衬里作为阴极，石墨棒为阳极。在约 1000℃ 进行电解，在阴极得到熔融的金属铝，纯度可达 99.8%，由炉底放出，杂质主要为 Si、Fe 及微量 Ga；阳极因不断燃烧而消耗，需不断更换。

◆ **应用**

铝质轻而软，可制备各种铝合金。在汽车、火车、船舶、飞机、宇宙火箭、人造卫星的内部构件、机身、起落架、发动机等部件上有广泛应用。在建筑业中，铝及其合金可作门窗、板壁和房屋的檐槽。铝的导电性仅次于银、铜和金，密度仅为铜的三分之一，故在电线电缆工业、无线电工业有广泛应用。铝具有良好的延展性和导热性，可制成铝箔、铝膜、铝罐、炊具、餐具、热交换器等。铝具有对光良好的反射性能，因此铝板可用来制造高质量的反射镜。铝具有良好的吸音性能，故现代广播室、大型建筑室内的天花板等也采用铝。铝表面形成的致密氧化物薄膜具有耐腐蚀的特点，其可用作化学反应器或石油天然气等化工管道的材料。

◆ 安全

研究发现，铝元素在人体内会慢慢积累，最终会损害人的脑细胞，引发代谢紊乱的毒性反应。根据世界卫生组织国际癌症研究机构在 2017 年 10 月 27 日公布的致癌物清单，铝制品属于一类致癌物。根据世界卫生组织的评估，每人每日铝的摄入量为 0 ～ 0.6 毫克 / 千克时对身体几乎无损害，因此在生活中应尽可能减少铝制品的使用，但不必过于担心。

钙

钙元素符号 Ca，原子序数 20，原子量 40.078(4)，属周期系 IIA 族，碱土金属。1808 年 H. 戴维电解氧化钙（石灰）和氧化汞的混合物得到了钙汞合金，然后蒸馏出汞，首次得到了银白色的金属钙，并命名为 calcium，来自拉丁文 calx，意为"从石灰中得到的"。

◆ 存在

存在于地壳中的钙含量为 4.15%，占第五位。主要的含钙矿物有石灰石 $CaCO_3$、白云石 $CaCO_3 \cdot MgCO_3$、石膏 $CaSO_4 \cdot 2H_2O$、萤石 CaF_2、磷灰石 $Ca_5(PO_4)_3F$ 等。骨骼、牙齿、蛋壳、珍珠、珊瑚、一些动物的壳体和土壤中都含有钙。海水中氯化钙占 0.15%。

◆ **物理性质**

银白色稍软的金属，属立方晶系，有光泽，密度 1.54 克 / 厘米³，熔点 842℃，沸点 1484℃。

◆ **化学性质**

钙原子的电子组态为 [Ar]4s²，氧化态 +2。钙是活泼金属。它能在空气中经缓慢作用形成氧化物或氮化物薄膜，在空气中受热燃烧生成氧化钙，与氮化合生成氮化钙。钙与冷水能缓慢反应，与热水则反应剧烈放出氢气。能与卤素（氟、氯、溴、碘等）化合生成相应的卤化物，跟氢气在 400℃ 催化剂作用下生成氢化钙。加热时与大多数非金属直接反应，如与硫、氮、碳、氢反应生成硫化钙 CaS、氮化钙 Ca_3N_2、碳化钙 CaC_2 和氢化钙 CaH_2。加热时与二氧化碳反应，故不能用二氧化碳灭火器扑救钙引起的火情。加热条件下，钙与一些不活泼金属的氧化物、卤化物或其他化合物反应，置换出金属或合金。

◆ **制法**

主要采用铝热还原法制备金属钙。即在 1200℃ 和真空条件下，用金属铝还原氧化钙，产物纯度较高（99%）。也有用电解熔融氯化钙制备金属钙，电解质为 $CaCl_2$-KCl 或 $CaCl_2$-CaF_2，槽温 780～800℃，制得钙纯度为 98%～99%。钙可用蒸馏法提纯。

◆ **应用**

钙在工业上可用于与铝、铜、铅制备合金，也可用作制铍的还原剂、合金的脱氧剂、油脂脱氢等。钙用作高温热还原剂，从氧化物、卤化物制取金属铬、钛、铀、稀土元素、锆，以及磁性材料钐钴合金、吸氢材料镧镍合金和钛镍合金等。Ca-Si 合金加入钢中，可以阻止碳化物生成。含钙 0.04% 的铅钙合金有较高硬度和耐蚀性能，用作电缆线外皮和蓄电池铅板；铝合金中加入钙，可增强塑性。钙还用作冶炼锡青铜、镍、钢的脱氧剂，电子管和电视显像管中的消气剂、有机溶剂的脱水剂、石油精制的脱硫剂、纯制惰性气体（如氩）的除氮剂，分解具有恶臭的噻吩和硫醇。氟化钙用作光学玻璃、光导纤维、搪瓷的原料，用作助熔剂。过氧化钙是缓和的氧化剂，用作杀菌、防腐、漂白药剂；亦用于封闭胶泥的快干剂。

钙是生物必需的元素。对人体而言，无论肌肉、神经、体液和骨骼中，都有用 Ca^{2+} 结合的蛋白质。钙是人类骨、齿的主要无机成分，也是神经传递、肌肉收缩、血液凝结、激素释放和乳汁分泌等所必需的元素。钙约占人体质量的 1.4%，参与新陈代谢，每天必须补充钙；人体中钙含量不足或过剩都会影响生长发育和健康。

第 4 章

宝石矿物

　　宝石矿物是具有宝石价值的天然矿物，主要是天然形成矿物的单晶，多是自然元素、氧化物或含氧盐类矿物，其中，硅酸盐矿物占近半数。决定宝石价值的主要因素是颜色艳丽、透明无瑕、光泽灿烂，或是呈现变彩、变色、星光猫眼等光学效应；产出稀少；坚硬耐久，莫氏硬度较高，化学稳定性高。但符合上述宝石条件的矿物，亦不过20余种，如金刚石、刚玉、绿柱石等。

◆ 分类

　　按照美观、耐久、稀少三个因素综合考虑，宝石一般可以分为高档宝石和中 - 低档宝石，前者又称贵宝石或珍贵宝石，包括钻石（金刚石）、红宝石（刚玉）、蓝宝石（刚玉）、祖母绿（绿柱石）和金绿宝石（猫眼石、变石），即通常所谓的五大宝石。除此，质量好的翡翠（硬玉）亦属于珍贵宝石之列。中 - 低档宝石又称半宝石，如坦桑石（蓝色黝帘石）、欧泊（贵蛋白石）、海蓝宝石、碧玺（电气石）、黄玉、锆石、橄榄石、尖晶石、石榴子石、月光石（长石的一种）、方柱石、绿松石、青金石、水晶、锂辉石等。评价天然宝石必须依据很多条件，即便是同种宝石，其品质（如颗粒大小、色相、亮度、饱和度、透明度、净度、清晰度、特殊的光学效应等）亦不相同，故优质半宝石的价格往往比劣质贵宝石还要高。由于自然界产出的宝石矿物一般颗粒均较细小，伟晶岩产的宝石矿物颗粒较大，故宝石的价值通常以宝石个体重量的平方向上增长，而特别大或美丽且典型的宝石矿物甚至成为无价之宝。

◆ **成因**

宝石矿物是地质作用的结晶，可以说，几乎所有的地质成矿作用都可以产出宝石矿物，但以岩浆伟晶成矿作用、接触交代作用，以及热液成矿作用形成的宝石矿物最多。

岩浆伟晶成矿作用是在岩浆作用的晚期，由于熔体中富含挥发分组分，在外压大于内压的封闭条件下缓慢结晶，形成晶体粗大的矿物。形成的宝石矿物有绿柱石、电气石、黄玉、水晶等。

接触交代作用主要发生在岩浆岩同沉积岩或者变质岩（主要为碳酸盐类岩石）的接触带。在岩浆成因的热液作用下，岩浆岩体与碳酸盐类岩石之间发生化学成分的交换，在接触带上，形成了各种 Mg、Ca、Fe 的硅酸盐矿物，在结晶条件有利时，能形成晶体粗大的矿物。主要宝石矿物：镁橄榄石、尖晶石、透辉石、镁铝榴石、钙铝榴石、钙铁榴石、透辉石、方柱石、符山石等。

热液有多种来源：岩浆期后热液、火山热液作用、变质热液及地下水热液。与宝石矿床关系密切的为岩浆期后热液。岩浆期后热液是指在岩浆结晶作用过程中，其内部逐渐积聚了以水为主的含矿的挥发物质，并按温度的高低划分：①高温成矿热液：300 ～ 500℃，形成的主要宝石种类有石英、黄玉、电气石、绿柱石。②中温成矿热液：

$200 \sim 300℃$，形成的主要宝石种类有石英、玛瑙。③低温成矿热液：$50 \sim 200℃$，形成的主要宝石种类有石英、蛋白石、祖母绿。

火山成矿作用可形成火山玻璃、黑曜岩、部分欧泊和红色绿柱石等宝石矿物。与风化成矿作用有关的宝石种类有：欧泊、绿松石、孔雀石、绿玉髓等。接触热变质使小颗粒晶体发生重结晶作用晶体增大，可形成部分尖晶石、红宝石等宝石矿物。

除原生成矿作用形成宝石矿物外，机械沉淀形成的砂矿中可产出几乎所有种类的宝石矿物。

晶形完美的宝石矿物晶体常作为优质的矿物样品和标本，用于研究、观赏、收藏等。

金刚石

金刚石是自然元素矿物，化学成分为 C，晶体属等轴晶系。金刚石型结构，即在金刚石的晶体结构中，每一个碳原子均被其他 4 个碳原子围绕，形成四面体配位，任何两相邻碳原子之间的距离均为 0.154 纳米，是典型的共价键晶体。自然界中存在极少量六方晶系的六方金刚石，是金刚石的另一种同质多象矿物。

金刚石分类的主要依据是微量元素氮（N）和硼（B）的含量：N含量大于 0.001% 者为 I 型，小于 0.001% 者为 II 型。I 型金刚石按 N 的赋存状态分为：N 原子沿 {100} 聚集成片状分布的 Ia 型和 N 原子置换碳（C）原子并出现一个未配对电子旋转于 C—N 键之间的 Ib 型。II 型金刚石按含 B 情况分为：不含 B 的 IIa 型和含 B 的 IIb 型。当 N 分布不均匀时构成混合型。约 98% 的天然金刚石属于 Ia 型。红外光谱是鉴别金刚石类型的主要方法。

金刚石最常见的晶形是八面体和菱形十二面体，其次是立方体和前两种单形的聚形，晶面常成凸曲面而使晶体趋近于球形；双晶常见，但一般以粒状产出。由放射状或微晶状集合体形成的粗糙圆球形的金刚石称为圆粒金刚石。

金刚石无色透明，常因所含微量元素的不同而呈不同色调：含铬呈天蓝色，含铝呈黄色，还可有褐、灰、白、绿、红、紫等色调，含石墨包体者呈黑色称为黑金刚石。有些金刚石可通过人工方法使之改色。晶面金刚石光泽，断口油脂光泽。解理 {111} 中等、{110} 不完全。莫氏硬度 10，显微硬度比石英高 1000 倍，比刚玉高 150 倍，是已知物质中硬度最高的。其中，八面体晶面的硬度高于菱形十二面体晶面的硬度，高于立方体晶面的硬度。性脆，抗磨性强。不导电。疏水而亲油。折射率高达 2.40 ~ 2.48。具强色散性。质量最好的金刚石密度可达 3.53 克 / 厘米 ^{3}，而黑金刚石仅为 3.15 克 / 厘米 ^{3}。具半导体性。导热性好，室温下其导热率是铜的 5 倍。熔点高达 4000℃，金刚石加热到 1000℃ 时，可缓慢转变为石墨。空气中燃烧温度 850 ~ 1000℃。经日光曝晒后置暗室发淡青蓝色磷光。在 X 射线照射下发蓝绿色荧光，这一特性被用于选矿。

金刚石标本

金刚石主要产于金伯利岩或钾镁煌斑岩（金云火山岩）的岩筒或岩脉中，为高温高压产物。也产于冲积成因的砂矿中，砂矿金刚石约占世界产量的 90%。世界最著名的金刚石产地为南非金伯利地区、刚果（金）、澳大利亚西部、俄罗斯雅库特、美国阿拉斯加和巴西米纳斯吉拉斯等地。中国辽宁、山东、湖南和贵州等地均有发现。世界上最大金刚石产于巴西卡帕达迪亚，重 3148 克拉，属工业用金刚石。最大的宝石级金刚石为重 3106.75 克拉、大小为 10 厘米 ×6.5 厘米 ×5 厘米的"库里南"，1905 年发现于南非的普列米尔矿山。1955 年 2 月 15 日，美国以石墨为原料，在 2750℃ 和约 10^{10} 帕的温度、压强条件下首次合成了金刚石。人造金刚石生产已很普遍，产量早已超过天然金刚石，工业应用三分之二来源于人造金刚石。

金刚石自古就是最名贵的宝石，以透明、无瑕疵、无色或微蓝为上品。其加工成品称为钻石。除作为宝石外，还可利用其高硬度制作仪表轴承、玻璃刀、表镶钻头；利用其高导热性制作微波器和激光器的散热片；利用其优良的红外线穿透性制造卫星和高功率激光器的红外窗口；利用其半导体性能制作整流器、三极管等。

刚　玉

刚玉（corundum）是氧化物矿物，化学成分为 Al_2O_3，晶体属三方晶系。英文名称源于印度文的矿物名 "kauruntaka"。Al_2O_3 有 α、β、γ 等多种变体，自然条件下稳定的 $α-Al_2O_3$ 变体称为刚玉。在刚玉的晶体结构中,氧原子呈六方最紧密堆积,最紧密堆积层垂直于三次对称轴,铝原子则充填于其 2/3 数的八面体空隙中,形成"刚玉型"结构。它是 A_2X_3 型化合物的一种典型结构。晶体多呈腰鼓状、柱状、板状;集合体呈块状或粒状。常呈白、灰、灰黄等色,含少量杂质可染成各种颜色。含 Cr^{3+} 呈红色,称红宝石;含 Ti^{4+} 和 Fe^{2+} 呈蓝色,称蓝宝石。玻璃光泽至金刚光泽。无解理,常因存在聚片双晶出现裂理。莫氏硬度高达 9,仅次于金刚石。密度 3.95 ～ 4.10 克 / 厘米 ^{3}。化学性能稳定,不易受风化或腐蚀。

刚玉产于富铝、贫硅的火成岩和变质岩中,并常见于冲积砂矿中。世界著名的宝石级刚玉产地有缅甸的抹谷、斯里兰卡的拉特纳普勒、柬埔寨的马德望和拜林等。希腊的纳克索斯盛产刚玉砂。中国新疆、海南、山东、福建、江苏、台湾等地都有产出。一般的刚玉或刚玉砂,加入结合剂制成砂布、砂纸、砂轮等,均用作超精研磨和抛光材料;由于它与水泥、沥青有很好的调和性,被用于公路止滑、化工厂的地板铺装及堰堤护床的表装材料。红宝石和蓝宝石都是名贵的宝石,现在人工合成的刚玉(含红宝石、蓝宝石)已大量替代天然刚玉而被广泛利用。红宝石还用作激光发射材料,精密仪器、钟表的轴承材料等。

刚玉(直径 1 厘米)

绿柱石

　　绿柱石（beryl）是环状硅酸盐矿物，化学组成为 $Be_3Al_2[Si_6O_{18}]$，六方晶系。绿柱石常含钠、钾、锂、铷、铯等碱金属。英文名称来自希腊语 beryllos，意思是蓝绿色的宝石。晶体结构以 $[SiO_4]$ 共角顶相连成六方环 $[Si_6O_{18}]$，上下六方环彼此错开 25°，以 $[AlO_6]$ 八面体及 $[BeO_4]$ 四面体连接起来形成一系列六方环柱，六方环柱的轴心则为大的孔道，常有大半径碱金属阳离子及水分子存在。绿柱石经常呈六方柱状的晶体产出，柱面上可有纵纹。成分中碱金属含量低的绿柱石，通常呈有明显纵纹的长柱状晶体；含碱金属量高者，呈纵纹不明显的短柱状晶体。

　　无色透明的少见，一般多呈各种色调的浅绿色；成分中富含铯的，呈玫瑰红色，称铯绿柱石；含铬呈鲜艳的翠绿色，称祖母绿；含二价铁（Fe^{2+}）呈淡蓝色，称海蓝宝石；含少量三价铁（Fe^{3+}）者呈黄色，称黄绿宝石；褐黄色的绿柱石，称金绿柱石；有猫眼效应的海蓝宝石和铯绿柱石，又称猫眼绿柱石；在黄褐色或黑色绿柱石里，有星光效应的称星光绿柱石。玻璃光泽。解理不完全。莫氏硬度 7.5 ～ 8，相对密度 2.6 ～ 2.9。

绿柱石标本

　　绿柱石主要产于花岗伟晶岩中，片岩、云英岩及高温热液脉中也有产出。绿柱石是提炼铍的最主要矿物原料。色泽美丽的绿柱石则是宝石原料，其中尤以祖母绿及海蓝宝石最珍贵。世界著名产地有哥伦比亚的博亚卡省和昆迪纳马卡省的圣菲波哥大、俄罗斯乌拉尔地区、奥地利萨尔茨堡、巴西米拉斯吉拉斯、纳米比亚勒辛。中国新疆、内蒙古、云南、湖北等省（自治区）也有产出。

黝帘石

黝帘石（Zoisite）是岛状硅酸盐矿物，化学式为 $Ca_2Al_3[Si_2O_7][SiO_4]O(OH)$，晶体属斜方晶系。英文名称取自奥地利矿物收藏家 S. 佐依斯男爵（Baron von Zois）的姓氏。属于绿帘石族矿物。

晶体呈柱状，集合体呈粒状或致密块状。无色或灰色，也呈蓝色、浅绿色、灰绿色、黄绿色、浅玫瑰色、褐色等。白色条痕。透明至不透明。玻璃光泽。解理一组发育，平坦至贝壳状断口。莫氏硬度6。密度 $3.15 \sim 3.37$ 克/厘米^3。

黝帘石致密块状集合体

黝帘石主要产于区域变质的片岩和片麻岩中，也产于变质岩和热液蚀变岩中。色泽鲜艳者可加工成雕刻工艺品。在坦桑尼亚产出蓝至紫色的透明晶体，作为宝石称"坦桑石"。此外，在奥地利、意大利、瑞士、墨西哥、美国等地都产出黝帘石，有的可作为中－低档的宝石原料。

黄　玉

黄玉（topaz）是岛状结构硅酸盐矿物，化学组成为 $Al_2[SiO_4](F,OH)_2$，晶体属正交（斜方）晶系，又称黄晶。英文名称是从产黄玉的红海托帕济农（Topazion）岛名变化而来。

晶体通常为短柱状，柱面上常有纵纹，也可呈不规则的粒状或块状。颜色多样，有的无色透明，大多数为浅黄、酒黄、浅蓝、浅绿、浅玫瑰红、褐色等；受日光长久曝晒颜色可逐渐减退，适当加热会变成粉红色。玻璃光泽。解理完全。莫氏硬度 8。密度 3.52 ～ 3.57 克 / 厘米³。黄玉是在高温并有挥发组分的条件下形成，是典型的气成热液矿物，产于花岗伟晶岩、酸性火山岩的晶洞、云英岩和高温热液钨锡石英脉中，是钨、锡、锂、铍、铌、钽矿床中常见的矿物。黄玉在工业上作研磨材料及精密仪表的轴承。透明色美的黄玉则是高档宝石原料。其宝石名称托帕石。

在自然界，黄玉分布甚广，但达到宝石级的不多。巴西是世界上优质黄玉的产地。1940 年在巴西发现一个黄玉晶体，重 240.25 千克，清澈透明，完美无瑕。俄罗斯乌拉尔和巴基斯坦的卡特朗产因含三价铬离子而呈玫瑰红色的黄玉。世界著名的黄玉产地还有美国科罗拉多州和加利福尼亚州、德国、英国苏格兰和日本等。

短柱状黄玉

电气石

电气石是一族环状结构硅酸盐矿物的总称，化学通式组成为 $NaR_3Al_6[Si_6O_{18}][BO_3]_3(OH,F)_4$，晶体属三方晶系，式中 R 代表金属阳离子，当 R 为镁离子、亚铁离子、（锂离子＋铝离子）或二价锰离子时，分别称为镁电气石、黑电气石、锂电气石和钠锰电气石。类质同象替代广泛，除钠可被钙替代外，镁电气石与黑电气石间及黑电气石与锂电气石间都形成完全类质同象系列，镁电气石与锂电气石间为不完全系列。成分中含 $[BO_3]^{3-}$ 也是电气石的一个特征。电气石晶体呈柱状，两端晶形不同，柱面上常出现纵纹，横断面呈弧线三角形。集合体呈棒状、放射状或致密块状。颜色随阳离子成分不同而异，富铁的黑电气石呈黑色，富锂、锰、铯的呈玫瑰色或深蓝色，富镁的呈褐、黄色，富铬的呈深绿色。此外，电气石常沿柱体，或垂直柱体的横断面上形成不同颜色的色带。玻璃光泽。莫氏硬度 7 ～ 7.5。密度 3.03 ～ 3.25 克 / 厘米 ^{3}，随成分中铁、锰含量的增加而增大。电气石成分中富含挥发组分硼及水，成因多与气成作用有关，一般产于花岗伟晶岩、高温热液矿脉、云英岩中，生成锂电气石与黑电气石系列的矿物。而产于变质岩中的电气石，则由交代作用形成，生成镁电气石与黑电气石系列的矿物。透明无瑕的电气石可作宝石，在中国被称为碧玺；由于电气石有压电性，可用于测压仪表的元件。世界著名产地有巴西的米纳斯吉拉斯州、美国的加利福尼亚、法国巴黎曼因地区的芒特米卡、俄罗斯的乌拉尔。中国新疆、内蒙古、辽宁、河南等省区都有产出。

柱状电气石晶体

锆 石

锆石（zircon）是岛状结构硅酸盐矿物，旧称锆英石、风信子石。英文名称来自阿拉伯语 zarqun，意指其呈金黄色。常有铪类质同象置换锆，二氧化铪最高可达 22% ～ 24%。还常含有微量的钍、铀、铌、铊等和稀土元素。由于成分中存在放射性元素，因而可以发生非晶质化。在此过程中还可发生水化，形成水锆石。化学组成为 $Zr[SiO_4]$，晶体属四方晶系。晶体呈短柱状，通常为四方柱、四方双锥或复四方双锥的聚形。由于形成条件不同，晶体形态有所不同。如碱性火成岩中的锆石四方双锥发育呈双锥状；酸性火成岩中的锆石柱面和锥面均发育，呈柱状；中性火成岩中的锆石柱面发育，并有复四方双锥出现，故锆石的晶形可作标型特征。

锆石的颜色多样，有紫红、黄褐、淡黄、淡红、绿、灰、无色等，金刚光泽，莫氏硬度 7.5 ～ 8，密度 4.4 ～ 4.8 克 / 厘米^3。主要产出于酸性和碱性火成岩及其伟晶岩中，也常见于热液脉、沉积岩、变质岩及砂矿中。锆石的主要生产国有挪威、澳大利亚、南非、美国、俄罗斯、印度、巴西等。锆石是提取锆、铪，制取二氧化铪及其化合物的重要原料。锆、铪金属是核反应堆的重要材料。锆石熔点高达 3000℃ 以上，可作航天器高温绝热瓦的材料，也用于汽轮喷砂机、研磨材料及特种焊条及涂料。

生长在黑云母片岩中的锆石

色泽美丽而透明的锆石可作宝石，世界上重要的宝石级锆石产于斯里兰卡、柬埔寨、泰国、缅甸等。中国宝石级锆石产于华东、华南、华北等地的碱性玄武岩中。

尖晶石

尖晶石（spinel）是氧化物矿物，化学组成为 $MgAl_2O_4$，属等轴晶系。英文名称来自拉丁文 spinella，是"刺"的意思，形容它具有棱角清楚而尖锐的八面体晶形。化学成分中常有铁、锰、锌替代镁，铬、铁替代铝。在尖晶石的晶体结构中，阴离子氧作立方最紧密堆积，阳离子位于氧离子最紧密堆积形成四面体空隙和八面体空隙中。尖晶石型结构为 AB_2X_4 型化合物的典型结构，已知有上百种。八面体晶形很常见，还常以八面体面为双晶面和接合面构成双晶，称为尖晶石律双晶。

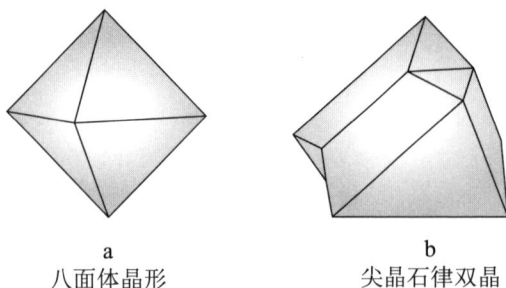

a
八面体晶形

b
尖晶石律双晶

尖晶石的晶形（a）和双晶（b）

尖晶石无色，含色素离子 Cr^{3+}、Fe^{2+}、Fe^{3+}、Zn^{2+}、Co^{2+} 时，可呈红、蓝、绿、褐、黄等色。玻璃光泽。莫氏硬度8。密度3.5～4.0克/厘米³。硬度和密度值都随着成分中铁、铬替代量的增多而增大。解理不完全。尖晶石产于镁质灰岩与酸性岩浆岩接触的变质岩及基性、超基性火成岩中。透明而色泽艳丽的尖晶石是高档宝石材料。世界著名产地有缅甸、阿富汗、斯里兰卡、泰国。中国云南、四川、山东、福建等地也有产出。

红色尖晶石晶体

石榴子石

石榴子石（garnet）是岛状结构硅酸盐矿物。英文名称来自拉丁文 granatum，意指其形态和颜色与石榴果的种子类似。化学组成为 $A_3B_2[SiO_4]_3$，晶体属等轴晶系。化学组成中 A 代表二价阳离子，主要为镁、铁、锰和钙等；B 代表三价阳离子，主要为铝、铁、铬、钛等。B 组阳离子间因半径相似而常有类质同象代替；A 组阳离子因 Ca^{2+} 的半径较大，难以被 Mg^{2+}、Fe^{2+}、Mn^{2+} 等所代替。因此，石榴子石按成分特征，通常分为铝系和钙系两个系列（见表）。石榴子石晶体形态特征明显，多呈菱形十二面体、四角三八面体或其聚形，集合体呈粒状、致密块状。

石榴子石的颜色随成分而异，玻璃光泽，莫氏硬度

钙铁榴石标本

$6.5 \sim 7.5$，性脆，密度 $3.5 \sim 4.3$ 克 / 厘米 ^{3}，解理不完全或无解理。石榴子石在自然界分布广泛。铁铝榴石是典型的变质矿物，常见于各种泥质片岩和片麻岩中，与蓝晶石、夕线石、白云母、十字石等含铝的矿物共生。镁铝榴石形成于富镁铁质岩石中，常见于角闪岩、金伯利岩、蛇纹岩、橄榄岩、榴辉岩中，与闪石、辉石等共生。锰铝榴石产于伟晶岩、花岗岩、锰矿床中。钙铬榴石产于超基性岩中，是寻找铬铁矿的标志性矿物。钙铁榴石和钙铝榴石是夕卡岩的主要矿物，与透辉石、钙铁辉石

等共生。由于石榴子石化学性能稳定，故常
见于砂矿中。人们利用石榴子石的硬度和美
丽的色彩，将其作为宝石的材料。中国称宝
石级的石榴子石为紫牙乌。一般的石榴子石
可用作磨料。人造钇铝榴石（$Y_3Al_2[AlO_4]_3$）
可作为激光材料。

宝石级石榴子石

石榴子石矿物的主要特征

	矿物名称	化学组成	颜色	密度 /(g/cm^3)
铝系列	镁铝榴石	$Mg_3Al_2[SiO_4]_3$	紫红、玫瑰红	3.50
	铁铝榴石	$Fe_3Al_2[SiO_4]_3$	红、褐、紫红	4.30
	锰铝榴石	$Mn_3Al_2[SiO_4]_3$	棕红、橙红	4.19
钙系列	钙铝榴石	$Ca_3Al_2[SiO_4]_3$	无色、黄、绿	3.56
	钙铁榴石	$Ca_3Fe_2[SiO_4]_3$	黄、褐色	3.86
	钙铬榴石	$Ca_3Cr_2[SiO_4]_3$	鲜绿色	3.80
	钙钒榴石	$Ca_3V_2[SiO_4]_3$	翠绿色	3.68
	钙锆榴石	$Ca_3Zr_2[SiO_4]_3$	暗棕色	4.00

石 英

石英（quartz）是化学组成为 SiO_2，晶体属三方晶系的氧化物矿物。
通常所称的石英，是分布广泛的低温石英（α- 石英）；广义的石英，
还应包括高温石英（β- 石英）。中国古代最早称石英为"水玉"。东
汉末年的《神农本草经》中已用"石英"一词，并按颜色将石英分为6种。

英文名源于西斯拉夫语 kuardy，是"坚硬"的意思。到 14 世纪，在捷克矿业术语中首先采用 quartz 一词。

低温石英是常温常压下，唯一稳定的 SiO_2 同质多象变体。晶体常呈带菱面体的六方柱状，有左、右形之别；六方柱面上有横纹。人造晶体上常出现底轴面，而晶面不平，由许多波纹状小丘组成。双晶极为普遍，已知的双晶律多达 20 余种，其中以道芬律和巴西律双晶最为常见。双晶的存在是一种晶体缺陷，对石英晶体的利用有严重影响。集合体常呈显晶质的粒

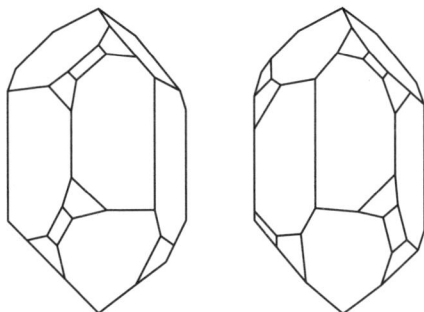

低温石英左形（左图）和右形（右图）的理想晶形

状、块状、晶簇状，隐晶质的晶腺、钟乳状、结核状等。

纯净的石英呈无色透明，常因含微量色素离子、细分散包裹体，或因具有色心而呈各种颜色，并使透明度降低。烟水晶（烟黄至黑色）紫水晶（紫色）的颜色是由色心造成的，当加热至 $230 \sim 260℃$ 时会褪色；受高能射线辐照后，又会重新呈色。玻璃光泽，断口常显油脂光泽。莫氏硬度 7。密度 2.65 克 / 厘米 ^{3}。无解理，断口呈贝壳状至

水晶晶簇（32 厘米）

次贝壳状。具强压电性、焦电性和旋光性。

石英有许多变种。显晶质变种主要有水晶（无色透明）；紫水晶（紫色），俗称紫晶；烟水晶（烟黄、烟褐至近于黑色），俗称茶晶、烟晶或墨晶；黄水晶（浅黄色）；蔷薇石英（玫瑰红色），俗称芙蓉石；蓝石英（蓝色）；乳石英（乳白色）；砂金石，是含有赤铁矿或云母等细鳞片状包裹体而显斑点状闪光的石英晶体；鬈晶，是指含有针状、毛发状金红石、电气石或阳起石等包裹体的透明的石英晶体。隐晶质变种有两类：一类由纤维状微晶组成，包括石髓（玉髓）、玛瑙；另一类由粒状微晶组成，主要有燧石（灰至黑色，俗称火石），碧玉（暗红色或绿黄、青绿等色，又称碧石）。

石英在天然界分布广泛，是岩浆岩、沉积岩和变质岩的主要造岩矿物之一，也是许多矿石的主要脉石矿物。常见于花岗岩类岩石、片麻岩、片岩、砂岩、砾岩和一些矿石中。著名的南京雨花石，是雨花台砾石层中的玛瑙砾石和碧玉砾石。有些石英有特定的产状，如蔷薇石英几乎总是呈块状产于伟晶岩中，燧石通常呈结核或层状产于白垩层或灰岩、白云岩中，玛瑙主要产于基性喷出岩的孔洞中。

具工业价值的水晶，主要为热液型、伟晶岩型和残积、冲积成因。巴西是世界最大的优质水晶生产国，曾产出一直径 2.5 米、高 5 米、重达 40 余吨的水晶晶体。其他著名生产国有印度、马达加斯加、安哥拉、委内瑞拉、韩国和土耳其等。中国石英资源丰富，遍布各省区，有大型的石英砂、石英砂岩、石英岩和脉石英矿床。

石英是人类最早认识和利用的矿物之一。在蓝田猿人和北京猿人生活的化石层中，发现大量用乳石英、燧石及水晶等制作的石器。自古以来，人们曾用燧石取火，用石英一些晶莹丽润的变种制作高级器皿、光学镜片、工艺美术品和宝石等。在近代科学技术中，石英有更广泛的用途。无缺陷的水晶，是极重要的压电材料和光学材料。尺寸大于等于12毫米×12毫米×1.5毫米的水晶块，可用于制作石英谐振器和滤波器，有极高的频率稳定性、选择性和灵敏性，广泛用于军事、空间技术、电子等部门。光学水晶可用于生产聚集紫外线的透镜、摄谱仪棱镜、补色器的石英楔等光学元件。黄水晶、紫水晶、蔷薇石英、烟水晶、砂金石、虎眼石、玛瑙、石髓及鬃晶等可用作宝石或工艺美术材料。色泽差的玛瑙和石髓，还用于制作研磨器具。较纯净的石英砂、石英岩，可大量用作玻璃原料、研磨材料、硅质耐火材料及瓷器配料等。不纯的石英砂是重要的建筑材料。人工合成的水晶可有效消除双晶等缺陷、控制晶体尺寸。已经出现天然石英压电片被人造水晶完全取代的趋势。

长 石

长石是化学式为 $M[T_4O_8]$，不含水的架状铝硅酸盐矿物。

◆ 化学成分

化学式中 M 主要是钾、钠、钙、钡；T 是硅和铝；O 是氧。长石端员组分主要有 4 种：K[AlSi$_3$O$_8$]（钾长石，Or）、Na[AlSi$_3$O$_8$]（钠长石，Ab）、Ca[Al$_2$Si$_2$O$_8$]（钙长石，An）、Ba[Al$_2$Si$_2$O$_8$]（钡长石，Cn）。许多长石是 Or-Ab-An 三组分以不同比例混溶而成；其中钾长石和钠长石（Or-Ab）可以在高温条件下完全混溶，温度降低混溶性减小；钠长石与钙长石（Ab-An）在任何温度下都能混溶；钾长石与钙长石（Or-An）几乎不混溶；钾长石和钡长石（Or-Cn）只能形成有限的混溶。

◆ **晶体结构**

长石矿物具有相类似的晶体结构。基本结构是 $[TO_4]$ 四面体连接成四元环，一系列四元环连接成沿 a 轴延伸的折曲状的链，这些链再以共用四面体角顶的形式构成三维的硅（铝）氧骨架，大半径的钾、钠、钙、钡等离子位于骨架内的大空穴里。由钾、钠占据空穴，称碱性长石或钾钠长石；由钠、钙占据空穴，称斜长石或钠钙长石；由钡占据空穴，称钡长石。长石晶体的对称性，取决于铝、硅排列的有序程度及金属阳离子配位数的变化。在高温条件下形成的长石，由于铝和硅呈无序排列，均属单斜晶系；随温度降低，铝占据四面体的有序度增高，使原来由单斜点群镜面联系的四面体不再是等效的，结构就变成三斜晶系对称。根据晶体化学特征，将长石分为：碱性长石（钾钠长石）、斜长石（钠钙长石）和钡长石 3 个矿物族，但钡长石在自然界分布甚少。

①碱性长石。成分由 $K[AlSi_3O_8]$ 和 $Na[AlSi_3O_8]$ 构成类质同象系列的长石矿物，其中钾和钠呈简单的替代关系，而铝/硅比为 1：3 常数值。碱性长石包括三个矿物种：单斜晶系的透长石、正长石，三斜晶系的微斜长石。三者是 $K[AlSi_3O_8]$ 的同质多象变体，称为钾长石。钾长石成分中，都含有一定数量的钠长石（Ab）分子和低于 5% ～ 10% 的钙长石（An）分子，有时也含极少量的钡长石（Cn）分子。正长石和微斜长石中，还常有少量铁替代铝。当透长石结构中 Al/Si 占位完全无序、有序度为 0，称高透长石（HS）；Al/Si 部分占位有序时，称低透长石（LS）或正长石。

微斜长石可按有序度划分亚种；结构中 Al/Si 占位完全有序、有序度为 1，称最大微斜长石（MM）；有序度小于 1 的微斜长石，按其有序度的大小又可分为高微斜长石、中微斜长石（IM）、低微斜长石。无色透明的正长石变种称为冰长石。歪长石 $(Na,K)[AlSi_3O_8]$，又称钾高透长石，是高温钠长石 - 透长石固熔体系列的中间成员，是 Or-Ab 系列中较富钠长石的成员（Ab 分子含量在 63% ～ 90%），属于钠长石的变种。钠长石（Ab）分子超过 50%，称钠长石。钾长石在高温时形成均匀的混晶，温度下降会分离出两种晶体、并互相定向交生、形成条纹长石和反条纹长石。当基体组分是钾长石，条纹组分是钠长石时，称条纹长石；反之，称反条纹长石。在实际工作中，将肉眼可见条纹长石称显纹长石；借用显微镜才能见到条纹的，称隐纹长石。月光石就是钾长石和钠长石定向连生、形成了细密条纹，在特定方向上呈现浅蓝色浮光效应的一种隐纹长石。天河石是一种绿色的微斜长石。

②斜长石。化学成分为 $Na[AlSi_3O_8]-Ca[AlSi_3O_8]$ 类质同象系列（Ab-An）的长石矿物。化学组成中，常含有少量的钾长石（Or）和钡长石（Cn）；钾长石的含量是随着组成中钠长石含量的增高而增多；此外，还含有少量的铁、钛、锰、镁、钡、锶等。根据化学成分特征，斜长石可分为两个端员矿物种：钠长石和钙长石；其中钠长石包含三个矿物成分亚种：钠长石（$Ab_{100～90}An_{0～10}$）、奥长石（$Ab_{90～70}An_{10～30}$）、中长石（$Ab_{70～50}An_{30～50}$）；钙长石包含三个矿物成分亚种：拉长石亚种（$Ab_{50～30}An_{50～70}$）、培长石亚种（$Ab_{30～10}An_{70～90}$）、钙长石（$Ab_{10～0}An_{90～100}$）。根据形成温度与晶体结构特征，钠长石还包括三

个结构亚种（变体）：单斜钠长石（MA）、高 (温) 钠长（HA）、低（温）钠长石（LA）。这些亚种、变体的准确鉴别，需借助显微镜和 X 射线分析手段。

通常也按 $An_{0\sim30}$、$An_{30\sim60}$、$An_{60\sim100}$ 分别称为酸性、中性、基性斜长石；还常用含 An 组分摩尔百分数的多少，给斜长石不同的牌号。如成分为 $Ab_{80}An_{18}Or_2$ 的奥长石，牌号为 18。在斜长石矿物中，除高温条件下形成的 An 小于 12% 单钠长石属单斜晶系外，均属三斜晶系。在钠钙长石系列中，由于钙长石的 C 轴长度为钠长石的两倍，使二者在常温下不能形成连续的固溶体，从而产生一系列固溶体离溶或连生的现象。所谓晕长石就是 $An_2\sim An_{25}$，由两种斜长石呈叶片状连生所组成，由于这种连生能表现出浅蓝色至乳白色的晕彩，因此而得名。类似晕长石连生现象广泛分布在 $An_{25}\sim An_{90}$ 范围里，如呈蓝紫彩斑状的拉长晕彩、存在于 $An_{47}\sim An_{58}$ 斜长石中的勃吉尔德连生和 $An_{67}\sim An_{90}$ 斜长石中的胡腾洛赫连生等。不同斜长石晶片的密集连生所呈现的晕彩效应，是光在一系列连生体界面上的反射及干涉造成的。

斜长石的环带构造十分发育。当晶体核部 An 含量高于边部时，称正常环带；反之，称为反环带。无论是正常环带，还是反环带，从晶体核部到边部的成分变化都有连续和不连续之分。由 An 含量不同的斜长石多次反复构成的环带，称韵律环带。斜长石的环带构造，为研究矿物生成条件提供丰富的信息。

◆ **晶体及双晶**

长石晶体常呈柱状或板柱状。长石本是无色透明或白色，常被杂质染成浅黄、粉红、深灰、黄褐等色。有的长石在转动时，呈现变彩效应，如月光石，其彩晕是钾长石与钠长石定向连生所致；当斜长石中含有金属包裹体，可呈现砂金效应，如日光石，是斜长石中含有赤铁矿、针铁矿等微细晶片，而呈现出红色或金黄色彩特征。长石莫氏硬度6。密度以钡长石最高，达3.39克/厘米^3。碱性长石和斜长石密度在2.56～2.76克/厘米^{3}变化，随成分中An含量的增高而增大，随Or含量的增高而减小。有两组完全至中等解理。单斜晶系的长石，两组解理夹角为90°；三斜晶系的长石，夹角接近于90°。长石双晶十分发育，双晶律多达20余种。正长石中常见的双晶是卡斯巴律-[001]、曼尼巴律-{001}和巴温诺律-{021}。微斜长石常见的双晶是肖钠长石律-[010]。钠长石常见的双晶是钠长石律-{010}，通常称聚片双晶。

◆ **分布和用途**

长石是地壳中分布最广的矿物，约占地壳总重量50%，是岩浆岩、沉积岩和变质岩重要的造岩矿物。自然界的长石并不稳定，在风化作用和热液作用条件下，易分解为高岭石、绢云母、沸石、葡萄石等。富含钙长石的碱性长石，易转变成绿帘石、黝帘石、方解石等矿物，同时释放出钠长石分子。

中国主要长石产地有陕西临潼，山西闻喜，山东新泰，湖南衡山，四川旺苍、南江，辽宁凤城、海城和北京等。长石是重要的工业矿物。主要用作陶瓷坯料和釉料、玻璃熔剂、搪瓷配料和磨料等。天河石、日光石、月光石等色泽艳丽的长石，可作为彩石和宝石。

拉长石

拉长石是由 30% ～ 50% 的钠长石和 50% ～ 70% 的钙长石组成的长石族宝石。英文名称源于发现地加拿大拉布拉多（Labrador）。摩氏硬度为 6 ～ 6.5，密度为 2.70（±0.05）克 / 厘米^3，折射率为 1.559 ～ 1.568（±0.005），双折率常为 0.009。拉长石属三斜晶系，通常呈短柱状或厚板状，或呈块状，并发育有聚片双晶，在底面解理面上可见重复的双晶纹。常见颜色为灰至灰黄、橙色至棕、棕红色、绿色，透明至不透明，玻璃光泽，二轴晶，在紫外光下呈弱荧光，可具晕彩效应。两组完全解理。贝壳状至阶梯状断口。内部含有双晶纹，暗色针状矿物包体、片状磁铁矿包体等。

优化处理方法有浸蜡、覆膜、扩散、辐照、充填等。

产地主要为美国、墨西哥、澳大利亚、马达加斯加、芬兰等地。品质最佳的晕彩拉长石产于芬兰。主要产于辉长岩、斜长岩、辉绿岩、玄武岩及辉长伟晶岩中。

主要从特殊光学效应及其颜色、透明度、净度几个方面来进行质量评价。晕彩拉长石中以蓝色波浪状的晕彩者为最佳，其次是黄色、粉红色、红色和黄绿色晕彩者。

橄榄石

橄榄石是岛状硅酸盐矿物，化学组成为 $(Mg,Fe)_2[SiO_4]$，斜方（正交）晶系。$Mg_2[SiO_4]$-$Fe_2[SiO_4]$ 为完全类质同象系列，可进一步分为镁橄榄石和铁橄榄石。因其常呈橄榄绿色而得名；其端员矿物镁橄榄石

（forsterite）系纪念英国矿物收藏家 A.J. 福雷斯特而得名；铁橄榄石（fayalite）因其首次发现于葡萄牙亚速尔群岛的法亚尔岛而命名。成分中常含 Mn、Al、Ca、Ni 等杂质。晶体呈短柱状、厚板状；常呈粒状集合体。随成分中镁含量的降低或铁含量的增高，颜色将由浅黄绿色变成黄绿色、橄榄绿色（深黄绿色）至绿黑色。玻璃光泽，断口油脂光泽。解理中等至不完全。莫氏硬度 6.5 ～ 7。相对密度 3.3 ～ 4.4，随含铁量增多而增大。橄榄石是基性和超基性岩、陨石和月岩的主要矿物之一。镁橄榄石还产于镁夕卡岩中。在热液蚀变条件下，橄榄石会转变成蛇纹石。挪威、瑞典、澳大利亚、奥地利、日本、新西兰、津巴布韦、美国等国家都有丰富的橄榄石资源。透明而色泽鲜艳、无瑕疵的橄榄石可作宝石。古埃及人和德国科隆市古教堂，都用橄榄石做装饰品。世界著名优质橄榄石的产地有红海的宰拜尔杰德岛、缅甸的抹谷、挪威的斯纳鲁姆、美国的亚利桑那州和新墨西哥州等。中国东北、内蒙古索伦、湖北宜昌、河北张家口等地均有宝石级橄榄石产出。镁橄榄石还是优质的耐火材料，用作铸造模型及玻璃熔炉、铸造炉、电热储存炉的矿物原料。

方钠石

方钠石是硅酸盐矿物，化学组成为 $Na_8[AlSiO_4]_6C_{12}$，晶体属等轴晶系。晶体呈粒状，常由菱形十二面体和立方体组成，晶体少见；集合体呈块状、结核状。颜色多为蓝色（深蓝－紫蓝），少见灰、黄、绿、蓝、浅红等色，常含白色脉（也可为黄色或红色）。

方钠石为玻璃光泽，断口呈油脂光泽、解理面上具珍珠光泽，集合

体呈半透明－微透明。光性
均质集合体。折射率为 1.483
（±0.004）。莫氏硬度 5～6。
密度 2.15～2.40 克 / 厘米^3。
一组中等解理，集合体不易
见。长波紫外光下为无至弱

方钠石块状集合体

的橙红色斑状荧光。方钠石主要产于霞石正长岩及其伟晶岩中，在响
岩、粗面岩等富钠贫硅的火山岩中也有产出，常与霞石、钙霞石、长石
等伴生。色泽艳丽的方钠石可作为宝石材料。俄罗斯乌拉尔山、加拿大
的安大略、意大利的维苏威山、玻利维亚、挪威、德国、美国等地都有
优质方钠石产出。此外，在非洲西南部发现了一种几乎透明的鲜蓝色方
钠石。因颜色与青金石相似，商业上也称之为"加拿大青金石"或"蓝
纹石"。

绿松石

绿松石是由含水的铜铝磷酸盐的隐晶质集合体构成的玉石，化学
组成为 $Cu(Al,Fe)_6[PO_4]_4(OH)_8 \cdot 4H_2O$，晶体属三斜晶系。因靠近地表处
多为绿色，形似松球而得名。英文名称可直译为土耳其石。因其原产
于波斯，经土耳其运入欧洲，因而得名。绿松石的发现和被应用历史悠
久。是中国"四大古玉"之一，远在新石器时代大汶口文化时期（距今
约 3800 年）的墓葬中就有绿松石珠出土。

绿松石呈蓝色和绿色。针、柱状晶体细小少见，常呈隐晶质块状、结核状、浸染状、细脉状集合体。抛光后具柔和的玻璃光泽至蜡状光泽。自色矿物，成分中铜离子的存在使其具有蓝色的基本色调，随着铁离子含量的增加使之显蓝绿、绿、浅绿、黄绿色。密度 2.6 ～ 2.9 克 / 厘米 ^{3}。莫氏硬度 5 ～ 6。可含黄铁矿、方解石、高岭石等矿物，其物理性质依杂质矿物纯度和孔隙度而变。风化作用可使之褪色、密度和硬度降低。高温下易失水、褪色、碎裂。色娇嫩、怕污染，应避油渍、铁锈，甚至皂水、茶水。

在鉴定时需与硅孔雀

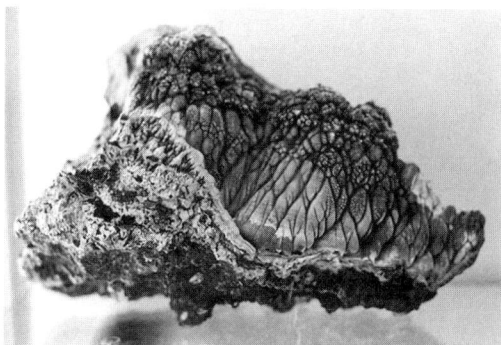

块状绿松石

石、染色菱镁矿、磷铝石等相似矿物区分。主要的优化处理方法有浸蜡、注胶、染色和电化学处理。绿松石的品质评价主要依据颜色、光泽、结构、块度以及优化处理种类而分。

绿松石部分用于首饰、镶嵌品和玉雕，是深受古今中外人士喜爱的传统宝玉石品种。当代中国独具特色的绿松石玉雕工艺品在国内外市场上也素享盛誉。绿松石为外生淋滤、热液交代作用的产物。中国是其主要产出国，以湖北

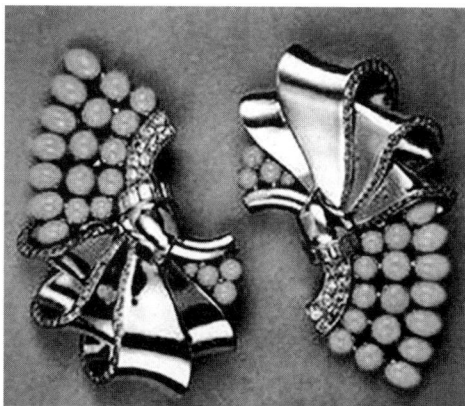

绿松石首饰

十堰郧阳区、竹山县一带和安徽马鞍山最著名。此外陕西、河南、新疆、青海等地亦有产出。国外产出国有伊朗、美国等产铜国家。

青金石

青金石是铝硅酸盐矿物，化学组成为 $(Na,Ca)_8[AlSiO_4]_6(SO_4,Cl,S)_2$，晶体属等轴晶系。晶形为菱形十二面体，通常为致密块体。解理不完全。天蓝至深蓝色。常含黄铁矿斑点、白色方解石团块，粒状结构，半透明至不透明。莫氏硬度 5.5。密度 $2.38 \sim 2.42$ 克/厘米^3。抛光面呈玻璃光泽至蜡状光泽。青金石主要产于碱性岩与碳酸盐岩的接触变质带中。主要产出国为阿富汗、智利，俄罗斯、美国加利福尼亚州、加拿大、缅甸等地亦有产出。青金石因色相如天而受到人们的喜爱。不仅可以作为玉雕材料，也是很重要的彩绘颜料，具有悠久的使用历史。作为一种玉石，常是以青金石为主并含有方钠石、透辉石、方解石、黄铁矿等矿物集合体，有人称其为"杂青金石"，其中方解石可呈现白色斑点、条纹，黄铁矿呈金黄色星点。

慈禧青金石印章

铯榴石

铯榴石是硅酸盐矿物，化学成分为 $Cs[AlSi_2O_6] \cdot nH_2O$，晶体属等轴晶系。常呈细粒状或致密块状产出，与石英等矿物用肉眼不易区分，经风化后与长石等不易区分。美国南达科他州曾发现尺寸约 4 英尺（1.2192 米）的铯榴石块体。

铯榴石无色、白色或灰色，有时带浅红、浅蓝色调。玻璃光泽。莫氏硬度 6.5～7.0。性脆。密度 2.70～2.92 克/厘米³，密度变化与含水量有关。无解理。铯榴石主要产于花岗伟晶岩中，与白云母、锂云母、锂辉石、磷锂铝石、霞石、铌钽矿物等伴生或共生，没有独立矿床。

铯榴石致密块状集合体

加拿大是世界上铯榴石矿最丰富的国家，曼尼托巴的伯尼克湖坦科矿区，铯榴石矿储量达 36 万吨；意大利厄尔巴岛、俄罗斯科拉半岛、美国缅因州和马萨诸塞州等地均有产出。中国新疆可可托海、河南、陕西等地也有铯榴石矿产出。铯榴石是唯一的含铯的独立矿物，是提取铯元素的重要矿物。金属铯用于制造光电倍增管、红外瞄准镜、铯原子钟、特种玻璃、夜视镜、导弹用光电池、清洁剂、吸附剂、催化剂等，在电子、化工、生物医疗、国防工业等领域有重要用途。

斧 石

斧石是硅酸盐矿物，化学成分为 $(Ca,Mn,Fe,Mg)_3Al_4BSi_4O_{15}(OH)$，晶体属三斜晶系。英文名称来自希腊语，与它的晶体常呈楔形有关。板状晶体或集合体，常见宽薄的楔形。常见颜色有褐色、紫褐色、紫色、褐黄色、蓝色等，呈现玻璃光泽，透明－半透明。光性非均质体，二轴晶，负光性。折射率为 1.678 ~ 1.688（±0.005），双折射率为 0.010 ~ 0.012。具有强三色性，多色性颜色可有紫至粉红、浅黄色、红褐色。莫氏硬度 6 ~ 7。性脆。密度 3.26 ~ 3.36 克/厘米^3。一组中等解理，贝壳状或阶梯状断口。通常无荧光，但黄色的斧石在短波紫外光下可有红色荧光。斧石主要是接触变质或交代作用的产物，也出现在伟晶岩和热液脉中。

常与方解石、石英、葡萄石、黝帘石、阳起石等共生。色泽艳丽的斧石可琢磨成首饰、工艺品。优质斧石的著名产地有法国境内的阿尔卑斯山、英格兰的康沃尔郡、澳大利亚的塔斯马尼亚州、美国的加利福尼亚州和宾夕法尼亚州等。

斧石的板状集合体

蛋白石

蛋白石是化学成分为 $SiO_2 \cdot nH_2O$ 的非晶质或超显微隐晶质矿物。蛋白石水含量变化很大，通常为 3% ~ 9%，最高达 20% 以上，属吸附水性质；但也有少量以氢氧根离子（OH^-）形式存在。按结构状态分为 3 种：① C 型蛋白石是呈超显微晶质的完全有序的低温方石英，但常夹有少量低温鳞石英的结构层，主要产于与熔岩共生的沉积物中。② CT 型蛋白石是由低温方石英与低温鳞石英畴成一维堆垛无序结构所构成的超显微结晶质，其形成常与火山物的分解有关。③ A 型蛋白石为高度无序、近于非晶质的物质，一般为生物成因。在扫描电子显微镜下有些蛋白石表现为由直径在 150～300 纳米的等大球体所组成，而球体本身又是由放射状排列的一些最小可达 1 纳米的刃状晶体所构成，各等大球体在三维空间呈规则的最紧密堆积，水则充填于空隙中。

蛋白石通常呈肉冻状块体或葡萄状、钟乳状皮壳产出。玻璃光泽，但多少带树脂光泽，有的还呈柔和的淡蓝色调的所谓蛋白光。贝壳状断口。莫氏硬度 5～6，密度 1.99～2.25 克／厘米^3。硬度、密度以及折射率均随水含量的减少而增高。蛋白石颜色多样，并因而构成不同的变种。普通蛋白石无色或白色，含杂质时可呈浅灰、黄、蓝、棕、红等色，其中呈乳白色的称为乳蛋白石，蜜黄色而具树脂光泽的称为脂光蛋白石，具深灰或蓝至黑色体色的黑蛋白石罕见，是珍贵的宝石。作为宝石（中文宝石名欧泊）的其他主要变种有：火蛋白石具强烈的橙、红等反射色；贵蛋白石呈红、橙、绿、蓝等晶亮闪烁的变彩，已可由人工方法合成。此外，木蛋白石是被蛋白石所石化的树木化石，即具有木质纤维假象的蛋白石。色泽鲜艳的蛋白石自古以来即被用作宝石和装饰品。中国曲阜西夏侯新石器时代遗址出土过嫩绿色蛋白石手镯。

蛋白石形成于地表或近地表富水的地质条件下，存在于各类岩石空洞和裂隙中，尤以火山岩中和热泉活动地区常见。在第三纪及近代的海洋沉积物中也常见。蛋白石暴露于干热的大气中时，可逐渐脱水而失去光泽，并最终变为石髓。宝石级蛋白石的重要产地有：澳大利亚的昆士兰和新南威尔士、墨西哥、洪都拉斯、匈牙利、日本、新西兰、美国的内华达和爱达荷等。

方柱石

方柱石是架状结构硅酸盐类中的似长石矿物，化学组成上属于

Na$_4$Al$_3$Si$_9$O$_{24}$Cl-Ca$_4$Al$_6$Si$_6$O$_{24}$(CO$_3$) 完全类质
同象系列，晶体属四方晶系。方柱石族矿
物的总称，两个端员组分别为钠柱石和钙
柱石。

方柱石的英文名称 scapolite 来自希腊
文 skapos，"柱状物"的意思，因为这些
矿物具有短而粗的柱状习性。天然产出的
方柱石多具有类质同象系列的中间成分，

短柱状方柱石

大多数方柱石的钙与钙加钠的比值［Ca/(Ca+Na)］在 0.2 ～ 0.9，通称
为普通方柱石。硫酸方柱石也属于该族矿物。晶体呈四方柱和四方双锥
的聚形。集合体呈粒状、不规则柱状或致密块状。颜色一般有灰色、灰
黄色、灰绿色、浅黄绿色等，海蓝色者称海蓝柱石。条痕白色。半透明
至不透明。玻璃光泽。解理不完全，性脆，断口不平坦。莫氏硬度 5 ～ 6。
密度 2.50 ～ 2.78 克 / 厘米³，随钙的含量增加而增大。有荧光现象。主
要产于酸性或碱性岩浆岩与石灰岩或白云岩接触交代的夕卡岩、钙质岩
石的区域变质岩中。在火山岩的气孔中常见晶簇状无色方柱石。遭风化
和热液作用可转变成高岭石、绿帘石、云母。世界主要产地有缅甸抹谷、
巴西圣埃斯皮里图、俄罗斯西伯利亚、马达加斯加、美国东部地区等。
中国山西绿片岩中的方柱石呈灰黑色、粗粒，含有大量电气石、黑云母、
磁铁矿包裹体。色泽美丽的方柱石可作为宝石。

孔雀石

孔雀石（malachite）是碳酸盐矿物，化学组成为 $Cu_2[CO_3](OH)_2$，晶体属单斜晶系。英文名称源于希腊文"moloche"，意指孔雀石的颜色像锦葵属植物叶子的绿色。单晶呈柱状、针状、纤维状，但罕见。通常呈放射状、肾状、钟乳状、皮壳状、玫瑰花状、土状等集合体。

中国古称土状孔雀石为石绿，当作一种矿

同心状孔雀石

物药。呈绿色或带有不同色调的条纹状绿色。玻璃光泽或丝绢光泽。解理完全。莫氏硬度 3.5～4.0。密度 3.7～4.0 克／厘米^3。遇盐酸起泡、易溶。孔雀石是含铜硫化物矿床氧化带典型的次生产物，常与蓝铜矿、自然铜、赤铜矿、辉铜矿、氯铜矿、褐铁矿等紧密共生；也常依蓝铜矿、赤铜矿、黄铜矿等矿物形成假象。是寻找原生铜矿的矿物标志。孔雀石中氧化铜含量为 71.95%，大量聚集，可作为铜矿石，还可作为天然绿色颜料、工艺美术雕刻品、装饰品的材料。孔雀石的颜色和条纹，是人们将它用作宝石的重要因素，由于它不够坚硬，不是耐用的宝石材料。俄罗斯乌拉尔的孔雀石闻名于世，其孔雀石块体可达 50 吨。中国海南石碌、法国谢西、美国亚利桑那州和新墨西哥州等地也有大量产出。

辉 石

辉石（pyroxene）是斜方（正交）或单斜晶系的单链状硅酸盐矿物族的总称，化学通式为 $XY[Z_2O_6]$，式中 X 为大半径的钠、钙等阳离子，Y 代表小半径的锰、铁、镁、铝等阳离子，Z 主要是硅和少量铝、铁等。因法国结晶学和矿物学家 R.-J. 阿维首次用 pyroxene 称呼在熔岩中发现的一种绿色晶体（辉石）而得名。在辉石晶体结构中，每一个硅氧四面体 $[SiO_4]$ 均以两个角顶与相邻的硅氧四面体连接，形成沿一个方向无限延伸的单链 $[Si_2O_6]$；链与链之间靠金属阳离子连接。

国际矿物学会 1987 年公布的《辉石命名法》将辉石族矿物划分为 20 个矿物种，分属于斜方辉石和单斜辉石两个亚族。按成分又可分为 4 个化学组：钙－镁－铁辉石组、钠－钙辉石组、钠辉石组和其他辉石组。它们之间存在着广泛的类质同象替代现象。但任一辉石中，X 阳离子的半径总是大于或等于 Y 阳离子半径。

辉石晶体呈短柱状、柱状，横截面为假正方形或八边形。集合体呈粒状、柱状或放射状等。钠辉石组的主要成员是硬玉和霓石，其中硬玉由很细小晶体紧密交织组成致密块状集合体。辉石有多种颜色，从白色、灰色、浅绿色到绿黑、褐黑以至黑色，随含铁量的增高而变深；富镁的顽火辉石和古铜辉石无色或古铜色。辉石均呈玻璃光泽。莫氏硬度 5 ～ 7，其中硬玉和锂辉石硬度最高，钙－镁－铁辉石组的成员硬度稍低。辉石的相对密度也随成分而异，从锂辉石的 3.16 至铁辉石的 4.0 左右，主要随铁含量的增高而增大；但常见辉石的相对密度都介于 3.2 ～ 3.6。辉石都具有平行柱面的中等解理，解理面夹角 87°。

辉石是镁铁质火成岩（基性岩、超基性岩）、高级变质岩（麻粒岩、榴辉岩）中的重要造岩矿物。其中普通辉石常见于火成岩、变质岩和月岩中。铁辉石在自然界很少见，但顽火辉石则是超基性、基性火成岩中很常见的矿物。较富铁的顽火辉石（原称紫苏辉石）产于深变质岩中，富镁的顽火辉石常见于陨石中。透辉石和钙铁辉石是典型的夕卡岩矿物，透辉石在一些基性、超基性火成岩和高级区域变质岩中也有产出。霓石和霓辉石主要产于碱性火成岩中，在岩石学中常称为碱性辉石。锂辉石只见于富锂的花岗伟晶岩中，晶体往往很大。美国南达科他州基斯通伟晶岩中的一个锂辉石晶体，大小约为 12 米 ×1.2 米 ×0.6 米，重将近 30 吨。中国新疆阿尔泰产出的一个锂辉石巨晶，重达 36.2 吨。此外，美国加利福尼亚、北卡罗来纳等州和巴西、马达加斯加等地也有著名的锂辉石产地。硬玉只见于变质岩中，缅甸的密支那流域和中国西藏、云南等地是硬玉的著名产地。

透辉石标本

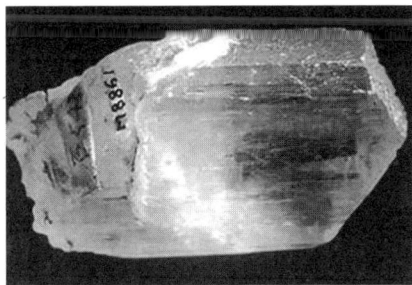

锂辉石标本

锂辉石是提炼锂及其化合物的主要矿物，也是高级耐火材料的原材料。透明而呈淡紫色或祖母绿色的锂辉石分别称为紫锂辉石和翠铬锂辉石，可作为宝石。硬玉是最名贵的玉石，即翡翠的主要矿物成分。

董青石

董青石（cordierite）是环状结构硅酸盐矿物，化学组成为 $(Mg,Fe)_2$ $Al_3[AlSi_5O_{18}]$，晶体属正交（斜方）晶系。为纪念法国地质学家及采矿工程师 P.L.A. 科尔迪耶（P.L.A.Cordier）而命名。董青石与六方董青石（印度石）成同质二象。成分中铁和镁可以完全类质同象代替，自然界产出的多是富镁成员，称董青石；富铁成员称为铁董青石，比较少见。常可有一定数量的水和钾、钠离子存在于由硅氧四面体环组成的结构孔道中。完好晶形少见，有时呈假六方短柱状，多呈浑圆状或不规则粒状，双晶常见。无色，常带有不同色调的浅蓝及浅紫色。玻璃光泽，断口油脂光泽。三组相互垂直的解理中等或不完全。贝壳状断口。莫氏硬度 7.0～7.5。密度 2.53～2.78 克/厘米^3。董青石是典型的变质矿物，产于角岩、片麻岩、结晶片岩及蚀变火成岩中。色泽美丽的董青石可作宝石。

董青石粒状晶体

蛇纹石

富镁的含水硅酸盐矿物的总称。化学组成为 $Mg_6[Si_4O_{10}](OH)_8$，晶体属单斜或正交晶系。指蛇纹石族矿物。英文名称来自拉丁语 serpens（=snake），意指有些蛇纹岩（以蛇纹石族矿物为主要成分）的表面图案类似蛇的表皮。蛇纹石族矿物主要包括叶蛇纹石（单斜晶系）、利蛇纹石（单斜晶系）和纤蛇纹石（单斜或正交晶系）等。该族矿物因常发生铁、铝、锰、镍等替代镁，氟替代羟基，而形成锰叶蛇纹石、氟叶蛇纹石等多个变种。蛇纹石晶体结构单元层由硅氧四面体片和水镁石八面体片构成，由于两种多面体片的晶格尺寸不同，蛇纹石的结构层常发生弯曲或卷曲，使晶体呈波状弯曲的叶片状（叶蛇纹石、利蛇纹石）或卷成纤维状（纤蛇纹石）；铝、铁等的类质同象替代会减弱结构层弯曲程度，使晶体呈片状或板状。

块状蛇纹石

纤维状蛇纹石称为蛇纹石石棉或温石棉。凝胶状蛇纹石是胶体成因的纤蛇纹石或利蛇纹石，或是两者的混合物，称胶蛇纹石。蛇纹石一般呈浅绿、黄绿、黑绿等色，色调变化较大；蛇纹岩的颜色随杂质不同有较大的变化，通常具有青绿相间的蛇皮状斑纹，含褐铁矿者呈褐红色。块状蛇纹石呈油脂光泽或蜡状光泽，纤维状蛇纹石呈丝绢光泽。莫氏硬度 2.5 ～ 3.5。密度 2.5 克 / 厘米^3。除纤蛇纹石外，都具有完全的底面解理。蛇纹石常由富镁岩石（超基性岩或镁质碳酸岩）中的富镁矿物经热液交代变质而形成。蛇纹岩是有广泛用途的重要矿产，可用作建筑装饰石材、复合钙镁磷肥原料，含氧化硅低者可用作耐火材料；其块体色泽艳丽、质地致密、可雕性佳，可作为装饰工艺品和玉石的原料；在美国宾夕法尼亚产出无色透明的纤维状蛇纹石，可作为宝石石材；纤维状蛇纹石（温石棉）可制成各种石棉制品。蛇纹石在世界上分布广泛，中国蛇纹石（岩）矿产资源丰富，多个省和地区均有大、中型矿床分布，产地在西北地区较为集中。

钠长石玉

钠长石玉是由钠长石为主要组成矿物的矿物集合体，又称水沫子。可含少量硬玉、绿辉石、绿帘石、阳起石和绿泥石等。摩氏硬度为6，密度为 $2.60 \sim 2.63$ 克 / 厘米^3，折射率为 $1.52 \sim 1.54$，点测法常为 $1.52 \sim 1.53$。钠长石玉主要为集合体，粒状变晶结构为主，块状构造。单晶钠长石呈板状或板柱状。其颜色呈白色、无色、灰白色以及灰绿白、灰绿等，油脂光泽至玻璃光泽，半透明至透明，二轴晶，非均质集合体，无荧光。钠长石具有两组完全解理。对钠长石玉放大观察可见纤维状或粒状结构，在透明或半透明的底色中常含白色斑点和蓝绿色斑块。白色斑点为辉石类矿物，透明度较差；蓝绿色斑块为闪石类矿物以及绿泥石等。

宝石级的钠长石玉主要产于缅甸。

可从颜色、净度、重量、质地结构等几个方面进行质量评价。品质好的钠长石玉要求颜色纯正、艳丽，质地细腻，透明度高，块度大；钠长石玉中白色斑点或暗色、杂色团块的存在使其价值降低。

霓 石

霓石是链状结构硅酸盐矿物。霓石中的铁是三价的，钠离子可以部分地被钙离子类质同象替代，伴随三价铁被二价铁和镁取代，以平衡电价。当铝离子部分地替代三价铁时，则形成锥辉石变种（acmite）。化学成分为 $NaFeSi_2O_6$，晶体为单斜晶系。是霓石－普通辉石矿物系列的富钠端元。霓石常呈长柱状、针状晶体。绿、绿黑、棕红、黑色，黄灰色条痕，玻璃光泽至树脂光泽，半透明，解理完全，性脆，不平坦状断口，莫氏硬度 6 ～ 6.5，密度 3.5 ～ 3.6 克 / 厘米³。霓石常见于碱性火成岩如霞石正长岩、碳酸岩和伟晶岩中，区域变质片岩、片麻岩和含铁变质岩中有产出，也产于蓝片岩相岩石和钠交代麻粒岩中。在页岩和泥灰岩中可形成自生矿物，共生矿物包括钾长石、霞石、钠闪石、钠铁闪石、星叶石、单斜钠锆石、异性石和鱼眼石。

最早在 1784 年发现于挪威的布斯克鲁德。1821 年，挪威地质学家 P.H. 斯特罗姆建议将这种新矿物命名为维尔纳石，以纪念德国地质学家 A.G. 维尔纳。但瑞典化学家 J.J. 贝尔塞柳斯根据所做的矿物分析，将其命名为 achmit（锥辉石），achmit 在希腊文中的含义是矛状的，以表征其长矛状结晶习性。1834 年，挪威牧师兼矿物学家 H.M.T. 埃斯马克在挪威的洛文发现一种新矿物，他将这种矿物命名为霓石（aegirine），意思为北欧神话的海神埃吉尔（Aegir），因为

霓石标本

矿物的模式标本产地是沿海岸线分布。那时锥辉石和霓石被认为是两个独立的矿物种，锥辉石属于角闪石类，而霓石属于辉石类。直到1871年，澳大利亚矿物学家 G. 契尔马克找到了证据，证明锥辉石和霓石同属辉石族单斜辉石亚族，是同一种矿物，锥辉石只是霓石的一个变种。1988年国际矿物学协会正式废除锥辉石矿物种名称，以霓石作为端元组分 $NaFe^{3+}Si_2O_6$ 的矿物名称。著名产地包括加拿大魁北克的圣伊莱尔山、挪威的孔斯贝格、格陵兰岛的纳斯沙克、俄罗斯的科拉半岛、美国阿肯色的磁湾、肯尼亚、苏格兰和尼日利亚。无色的霓石产于中国内蒙古白云鄂博的变质岩中。质量好的霓石晶体可作为宝石收藏。

榍　石

榍石是岛状结构硅酸盐矿物。化学组成为 $CaTi[SiO_4]O$，晶体属单斜晶系。榍石有两个通用的英文名称：sphene 和 titanite，前者针对榍石具有楔形状晶体形态而命名，后者则强调它的组成中含钛。常由稀土、锡、铁、锰等类质同象替代形成钇榍石、红榍石等变种。

榍石标本

成分中经常有类质同象混入物而形成变种，如 $(Y,Ge)_2O_3$ 含量达12%的称钇榍石，MnO 含量达3%

的称红榍石。榍石多以单晶体出现，晶形呈扁平的楔形（信封状），横断面为菱形，底面特别发育时，呈板状。榍石有蜜黄色、褐色、绿色、黑色、玫瑰色等。金刚光泽。解理中等或不完全。莫氏硬度 5 ～ 5.5。密度 3.45 ～ 3.55 克 / 厘米^3。榍石常以副矿物角色广泛分布于碱性、酸性和中性火成岩中。在伟晶岩中，尤其在碱性伟晶岩中，常有粗大的晶体产出。也见于结晶片岩、片麻岩、夕卡岩中，还可见于砂矿床中。俄罗斯科拉半岛是世界上著名的榍石产地。其他产地还有奥地利蒂罗尔、瑞士圣哥达、美国宾夕法尼亚州等。中国辽宁、广西等地也有产出。榍石可作为宝石和提取氧化钛的矿物原料。

红柱石

红柱石是岛状结构硅酸盐矿物。英文名来自其首次发现地西班牙名城安达卢西亚。与蓝晶石、夕线石成同质多象。化学组成为 $Al_2[SiO_4]O$，晶体属正交（斜方）晶系。通常呈柱状晶体，横断面接近四方形。晶体中含有碳质包裹体的红柱石，称空晶石。

集合体形态多呈放射状或粒状，呈放射状的俗称菊花石，呈粉红色、玫瑰红色、红褐色或灰白色，玻璃光泽，柱面解理中等，莫氏硬度 6.5 ～ 7.5，密度 3.10 ～ 3.20 克 / 厘米^3。红柱石常见于泥质岩和侵入体的接

菊花石标本

触带，是典型的接触热变质矿物。南非和法国是红柱石主要生产国。世界著名红柱石产地有南非北方省、法国布列塔尼半岛的格罗梅尔、西班牙安达卢西亚、奥地利蒂罗尔州、巴西米纳斯吉拉斯等。中国北京西山、吉林桦甸老虎东沟、浙江瑞安、甘肃漳县等地也盛产红柱石。红柱石加热至 1350 ～ 1450℃ 转变为莫来石，体积膨胀 4%，是优质耐火材料、技术陶瓷、硅铝合金的原料。用红柱石制成的红柱石耐火砖，主要用作鱼雷式铁水罐车内衬和热风炉钢包内衬等，广泛用于冶金等工业。淡红色或绿色透明的晶体可作为宝石材料。空晶石和菊花石常被加工成装饰工艺品。

符山石

符山石是岛状结构硅酸盐矿物。英文名称来源于其首次发现地意大利维苏威。类质同象置换普遍，化学成分复杂，有铍符山石、铬符山石、青符山石（含铜）、铁符山石、铈符山石等变种。化学组成为 $Ca_{10}(Mg,Fe)_2Al_4[SiO_4]_5[Si_2O_7]_2(OH,F)_4$，晶体属四方晶系。晶体呈四方柱和四方双锥聚形，柱面有纵纹，也常见成柱状、放射状、致密块状集合体。

符山石标本

颜色多样，常呈黄、灰、

绿、褐等。铬符山石颜色翠绿，含钛和锰者颜色呈褐色或粉红，含铜者则呈蓝至蓝绿色，玻璃光泽，莫氏硬度 6.5～7，密度 3.33～3.43 克 /厘米^3。符山石主要产于接触交代的夕卡岩中，常与透辉石、石榴子石、硅灰石等共生。色泽美丽透明的符山石可作宝石。巴基斯坦产有绿色透明优质符山石，挪威产有蓝色的青符山石。美国加利福尼亚州产有绿色、黄绿色致密块状的符山石，其质地细腻如玉，称为加州玉。其他著名产地还有俄罗斯西伯利亚的外贝加尔，意大利的维苏威山和彼德蒙特山，加拿大的劳伦琴山等。中国南岭、长江中下游一带的夕卡岩型有色金属和铁矿床中经常含有符山石，河北邯郸有粗大的符山石晶体产出。

香花石

香花石是架状硅酸盐中沸石类的矿物。化学组成为 $Li_2Ca_3[BeSiO_4]_3F_2$，晶体属等轴晶系。因 1958 年发现于中国湖南香花岭而得名。晶体多呈立方体、四面体、棱形十二面体等。集合体为球状、块状。无色、乳白色或者米黄色。白色条痕。透明至半透明。玻璃光泽。性脆。莫氏硬度 6.5，密度 2.9～3.0克 / 厘米^3。香花石是花岗岩与石灰岩接触交代的产物，

香花石标本

接触带中有含铍的绿色和白色两种条纹岩，香花石晶体产于白色条纹岩中的黑鳞云母脉中，与锂铍石、塔菲石、尼日利亚石、金绿宝石、萤石等共生。

十字石

十字石是岛状结构硅酸盐矿物。化学组成为 $Fe_2Al_9[SiO_4]_4O_6(OH)_2$，晶体属单斜晶系。英文名称来自希腊文 stauros，为十字形的意思，因晶体常呈十字形或 X 形贯穿双晶而得名。单个晶体呈短柱状。棕红、红褐、淡黄褐或黑色，玻璃光泽，莫氏硬度 7～7.5，密度 3.74～3.83 克/厘米^3。十字石是富铁、铝质的泥质岩石经区域变质作用的产物，见于云母片岩、千枚岩、片麻岩中，与蓝晶石、石榴子石等共生，温压条件的改变会转变成硬绿泥石、夕线石等，是中级变质作用的标型矿物。未经风化的、色泽鲜艳的十字石可用作宝石原料。瑞士巴塞尔有优质十字石产出，为护身符等佩饰的常用原料。其他著名产地有美国佐治亚州范宁、缅因州温德姆、新墨西哥州陶斯等。

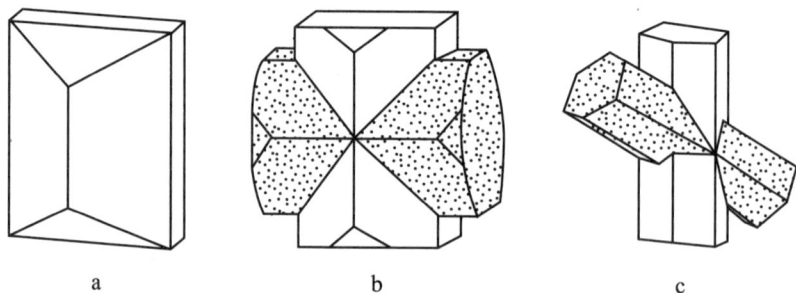

a 晶形 b、c 双晶

十字石双晶模型

蓝晶石

　　蓝晶石是岛状硅酸盐矿物。化学组成为 $Al_2[SiO_4]O$，三斜晶系。英文名来自希腊文"kyanos"，蓝色之意。蓝晶石有时含少量铬、铁、镁、钛等。蓝晶石与红柱石、夕线石属同质多象变体，前二者为岛状，后者为链状。三者结构的紧密堆积程度不同，蓝晶石最紧，夕线石次之，红柱石最松。蓝晶石呈板柱状、长片状，常现双晶；有时呈柱状、放射状、粒状集合体。呈蓝色或带蓝的白色、灰色、绿色等。玻璃光泽。具完全和中等解理。硬度有明显的异向性，在平行晶体延长方向莫氏硬度为 4.5～5.0，垂直方向为6～7，故又名二硬石。性脆。相对密度3.53～3.65。蓝晶石是富铝的岩石经区域变质作用而成，常在结晶片岩和片麻岩中出现。著名产地有美国弗吉尼亚州的威利斯山和巴克山、巴西的米纳斯吉拉斯州、印度比哈尔邦和马哈拉施特拉邦、俄罗斯科拉半岛等。中国河北邢台魏鲁、四川汶川、山西繁峙、江苏沭阳韩山、内蒙古白彦花、新疆契布拉盖等地均有产出。蓝晶石是高级耐火材料、技术陶瓷和硅铝合金的原料。加热蓝晶石到1100～1300℃时，会转变成莫来石和游离二氧化硅混合物，体积膨胀16%～18%。常用作耐火砖灼烧收缩补偿剂。蓝晶石耐火砖在各种高温设备和工业窑炉上得到广泛应用。美国北卡罗来纳州有色泽艳丽、透明的深蓝色、绿色宝石级蓝晶石产出。

葡萄石

　　葡萄石（prehnite）是硅酸盐矿物，化学组成为 $Ca_2Al[AlSi_3O_{10}](OH)_2$，晶体属正交（斜方）晶系。英文名称取自葡萄石的发现者 H.Von 普雷赫恩的姓氏。晶体呈柱状、板状，集合体常呈板状、片状、葡萄状、肾状、放射状或块状等。白色、灰绿色、肉红色、浅黄色、浅绿色。玻璃光泽，半透明－透明。光性非均质体，二轴晶，负光性。折射率为 1.616～1.649（+0.016，-0.031），点测常为 1.63；双折射率为 0.020～0.035，集合体不可测。莫氏硬度 6～6.5。密度 2.80～2.95 克/厘米^3。一组完全至中等解理，集合体通常不可见。葡萄石属接触变质后期热液作用产物，是典型的热液矿物，也经常充填于玄武岩或其他火山岩的气孔和裂隙中。此外，部分火成岩发生变化时，其内的钙斜长石也可转变形成葡萄石。

葡萄石葡萄状集合体

　　常与沸石类矿物、硅硼钙石、方解石和针钠钙石等矿物共生。法国、瑞士、南非、美国、加拿大等许多国家都有产出。中国辽宁的葡萄石产于碱性正长岩与石灰岩接触的夕卡岩中。浅绿色、黄绿色半透明的葡萄石及灰绿色或白色的葡萄石，可作为宝玉石的矿物原料。

寿山石

　　寿山石是产自中国福建寿山的玉石。莫氏硬度为 2～3，折射率为 1.56（点测法）。隐晶质块状矿物集合体，主要可分为高岭石族类、叶蜡石类以及伊利石类。高岭石族类寿山石中最名贵的品种为田黄，其矿物组成以迪开石为主，也可含有伊利石、珍珠陶石等。田黄的颜色有黄色、白色、红色、黑色等。田黄具有一定的磨圆度并常有石皮、萝卜纹、红格等标志。田黄原石均经过搬运、磨蚀作用而成为自然卵形，一般无明显棱角，质地细腻。大部分田黄都附有石皮，颜色各异，有黄、白、黑等色。

萝卜纹是田黄内部的纹理，大多密而不乱，排列有序。萝卜纹是原生的，是在母矿的成矿过程中形成。红格是田黄中常见的或深或浅的一种红色脉络。其成因是带有裂隙的原生矿石，经外生作用，裂隙逐渐被铁离子染成脉络状所致。其他高岭石族寿山石颜色多样，可呈白、红、黄、黑等色，微透明至亚透明，具蜡状光泽，主要品种有高山石、坑头石、荔枝洞石、都成坑石、善伯洞石、奇降石等。以高岭石族矿物为主的寿山石品种密度小于 2.7 克/厘米^3。以叶蜡石为主的品种有寿山芙蓉石、月尾石、山秀园石、峨眉石等，密度大于 2.8 克/厘米^3。以伊利石为主的品种有汶洋石、连江黄石和山仔濑石等，密度一般在 2.7～2.8 克/厘米^3。寿山石的品质主要从质地、颜色、净度、块度和雕工等方面进行评价。

除福建省福州市寿山乡寿山村外，产地还有宦溪镇峨眉村和日溪乡汶洋村等地。寿山石色泽多变，质地温润，是中国著名图章石之一。寿山石印章艺术源远流长，具有深厚的文

寿山石雕件

化底蕴，在世界上享有盛名。除了制作印章外，还用以雕刻人物、动物、花鸟、山水风光、文具、器皿及其他多种艺术品。寿山石已成为海峡两岸经贸往来、文化交流重要的桥梁之一。

青田石

青田石是产自中国浙江青田的玉石。隐晶质致密块状矿物集合体。主要矿物成分为叶蜡石、迪开石和伊利石等，可分为叶蜡石型、迪开石型、白云母型以及伊利石型，其中叶蜡石型青田石占大多数。叶蜡石型青田石以封门青、黄金耀、灯光冻等为代表。迪开石型以冰花灯光冻、北山晶为代表，主要颜色为白色，透明度高于叶蜡石型青田石，质地细腻，是优质的雕刻石。白云母型以山炮绿为代表，又称翡翠青田，性质稳定，是青田石中的著名品种。伊利石型青田石以竹叶青和部分龙蛋石品种为代表，主要呈青色或青白色，微透明，是较为稀少的青田石品种。莫氏硬度 1～1.5。折射率 1.53～1.60。密度 2.65～2.90 克 / 厘米^3。

青田石由距今约 1.4 亿年的晚侏罗世至白垩纪的酸性火山岩经后期热液蚀变而成。其质地温润、色彩斑斓、花纹奇特、硬度适中，是中国篆刻艺术应用最早、最广泛的印材之一，已有 1700 多年的使用历史。

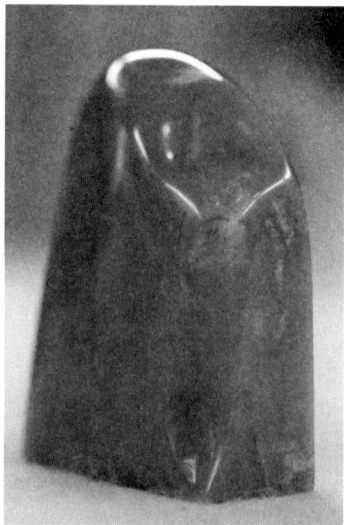

青田石标本

鸡血石

鸡血石是成分以迪开石、珍珠石为主的玉石。鸡血石是中国特有的珍贵玉石，因迪开石中含殷红艳丽的辰砂，宛如鸡血凝成而得名。鸡血石的红色部分称为"血"，红色以外的部分称为"地"。

鸡血石的莫氏硬度为 2.5～7，折射率为 1.53～1.59（点测法），密度为 2.53～2.74 克／厘米³。不透明至半透明。蜡状光泽至玻璃光泽。按产地主要有昌化鸡血石和巴林鸡血石。按地的成分、颜色、透明度和硬度 4 个因素综合分为 4 类：①冻地鸡血石。指质地细润清亮、透明度好、硬度低，犹如"胶冻"的鸡血石。②软地鸡血石。指质地较为细腻、硬度较低的鸡血石。③刚地鸡血石。质地稍粗糙、有"玉"感、硬度较高的鸡血石。④硬地鸡血石。指颜色发白、质地粗糙而干燥、硬度很高的鸡血石。血的质量是由血色、血量、浓度和形态四要素所决定的，据此可划分为大红袍（血量占 90% 以上）、小红袍（血量占 70%～90%）、刘关张（白或黄、红、黑色）、黑旋风（纯黑的地子）、红帽子（血色在料的顶部）、红腰带（血色在料的中部）以及夕阳红、翡翠红、彩霞红、牡丹红、芙蓉红等。

鸡血石的质量评价主要从颜色、质地、净度、块度等几个方面进行。鸡血石的颜色与地的颜色和血的颜色的协调性，以及地的透明程度有密切关系。若鸡血石的地色与血色对比强烈，则血的红色鲜明生动、效果极佳。若鸡血石的地色与血色反差很小，如地色呈红、粉红和紫红色等，则会发生"地子吃血"现象。质地是组成鸡血石的矿物颗粒的大小、形状、均匀程度和颗粒相互关系等因素的综合特征，质地细腻、肉眼下难见矿物颗粒的鸡血石价值较高。净度是指鸡血石内部所含的裂和杂质等瑕疵（俗称"石病"）的程度，净度越高，鸡血石的价值越高。同等品质下，鸡血石的块度越大，其价值越高。

鸡血石为侏罗纪火山岩蚀变产物，已经有 600 多年的开采史，主要用作为印章或是工艺雕刻品材料。

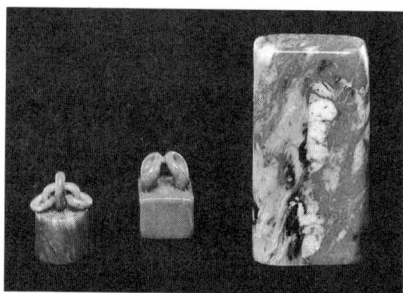

鸡血石印材

鸡血石雕《万世师表》

第5章

宝石矿床

宝石矿床是富含有美观、耐久、稀少的，可加工成装饰品的单个矿物晶体的地质体。自然界已发现3000多种矿物，其中有300多种可作为宝石，常见只有30余种。宝石须具有以下要素：①具有美观，或奇异感，色泽鲜艳、透明、质地晶莹剔透、光泽灿烂，备受人们喜爱。②硬度高（一般莫氏硬度7以上，少数奇异的品种硬度较低）、抗腐蚀、化学性质稳定，久存不变，可长期保存。③稀少难找，稀者为贵。少数具有特殊光学效应，如变彩、变色、星光、猫眼效应的宝石更为珍贵。④具有一定大小，一般粒度在3毫米以上，宝石才能充分显现其特性，并易于技术加工。⑤无毒无害。

宝石种类甚多，矿床类型复杂多样。属于岩浆矿床的有金刚石（钻石）、镁铝榴石等。金刚石呈细小颗粒分布于岩石中，含量低，是原生金刚石的唯一来源。属于伟晶岩矿床的有水晶、烟水晶、玫瑰水晶、绿柱石（祖母绿）、黄玉等。属于热液矿床的有水晶、蔷薇辉石、祖母绿，热液交代型的祖母绿品质高、产量大。属于砂矿床的有金刚石、红宝石、蓝宝石、石榴石等。经风化、搬运、沉积的金刚石质量较高，通常为宝石级，是金刚石的重要来源；红蓝宝石品质优良，开采容易，产量较大；

宝石级石榴石大多产在原生矿床附近的冲积砂矿中。属于变质矿床的有红宝石、石榴石、尖晶石等。优质宝石,价格昂贵。有的钻石(金刚石)、红宝石和祖母绿的稀世珍品,往往成为国宝。宝石是工艺美术品,主要用来制作高贵装饰品,如戒指、胸针、坠子、项链、皇冠以及博物馆陈列样品,又是现代工业建设和国防建设的重要原料。钻石最著名的产地有澳大利亚和南非等地,祖母绿的产地为哥伦比亚,红宝石为缅甸,蓝宝石为斯里兰卡等。中国产有钻石、红宝石、蓝宝石等。

伟晶岩矿床

伟晶岩矿床是富含矿物,有开采价值的伟晶岩岩体。大型深成火成岩体,一般都伴生着脉状伟晶岩体,它们是由晚期的含挥发组分的残余岩浆结晶形成。与花岗岩体伴生的花岗伟晶岩脉,由晶粒很粗的长石、石英和白云母组成。花岗伟晶岩最多,经济价值也最大,一般讲伟晶岩往往是指花岗伟晶岩。

◆ **特点**

伟晶岩脉大多产在侵入体的顶部,往往成群出现。伟晶岩脉中除长石、石英和白云母等主要矿物之外,还可以找到很多种不常见的金属矿物和宝石矿物。花岗伟晶岩脉中的金属矿产可以有锡、钨、铋、钇、钍、铀、锂、铌、钽、铍、铯、稀土元素、锆和铪等。很多伟晶岩岩体呈脉状或透镜状,但也有巢状、筒状和不规则状的。伟晶岩脉有大有小,长以数米到数十米的最多。伟晶岩形成过程比较长,大多数伟晶岩是在700 ~ 950℃温度下形成的。

◆ 内部构造

大多数伟晶岩脉是块状的，脉内矿物成分和结构都比较均匀。有一些伟晶岩脉分带明显，从外侧向中心可分出：①边缘带。位于岩脉的最外部，厚度不大，矿物颗粒细，主要由长石和石英组成。②外侧带。粒度较粗，主要由石英和长石组成，具文象结构或花岗结构。③中间带。矿物颗粒粗大，一般由微斜长石组成，有时由长石和石英块体组成，中间带比较厚，比较稳定。④内核。出现在岩脉的中心，主要由石英块体组成。分带是岩浆分异结晶的结果，晶体和剩余液体之间反应不完全，因而各带的矿物成分和结构明显不同。

◆ 交代现象

交代作用是由水热流体引起的，不少有工业价值的矿物形成于交代阶段。交代矿物集合体有时呈带状，有时呈团块状叠加在结晶作用形成的伟晶岩体之上，使伟晶岩的矿物成分和结构构造变得复杂。部分花岗伟晶岩脉中常见岩浆结晶的矿物，特别是长石被强烈交代。由交代形成的矿物有钠长石、电气石、云母、绿柱石、黄玉、磷灰石、锆英石、磷铈镧矿、石榴子石、锂辉石、褐帘石、铌钽铁矿以及其他矿物。

◆ 矿床类型

花岗伟晶岩矿脉按成因可分为4类：①简单伟晶岩矿脉。矿物成分和母岩差不多，主要是钾长石、石英，有少量白云母，具文象或花岗状结构，没有明显的分带、再结晶和交代现象。分布广泛，采出的钾长石和石英可作陶瓷原料。②重结晶伟晶岩矿脉。具有不等粒、粗粒或巨粒结构，是伟晶岩脉受温度很高、但化学成分与伟晶岩化学成分相似的水热流体作用发生重结晶而成，伟晶岩的总化学成分并未发生显著变化。在重结晶时，钾长石水解形成白云母。质量好、大小合适的白云母有很高的工业价值。白云母矿产大多采自这种伟晶岩中。伟晶岩中的长石和石英也有很高的工业价值。③交代伟晶岩矿脉。该伟晶岩受到与伟晶岩的化学成分差异大、很热的水热流体的强烈作用时，先发生钠长石化，然后发生云英岩化，形成交代伟晶岩。钠长石、石英、云母以及伴随它们的稀有金属矿物和宝石矿物沉淀，使伟晶岩的矿物成分和结构构造变得更加复杂。交代伟晶岩有晶洞，洞里有晶簇，从中可以找到稀有矿物的大晶体。从交代伟晶岩中可以采出水晶、光学萤石、宝石，以及锂、铍、铯、铷、铌和稀土矿物。宝石矿物有黄玉、绿柱石（海蓝宝石）、电气石、石榴子石和紫水晶。有些伟晶岩含锂辉石和锂云母很多，成为有价值的锂矿。④去硅伟晶岩矿脉。花岗伟晶岩岩浆在碳酸盐岩和超基性岩中结晶时，由于氧化硅进入围岩，结果形成由斜长石组成的去硅伟晶岩脉。在大量去硅的情况下，岩浆中的氧化铝（Al_2O_3）结晶成刚玉，有时还形成名贵的刚玉变种蓝宝石和红宝石。含刚玉多的斜长岩脉可作刚玉矿开采。

阿盖尔 AK-1 金刚石矿床

阿盖尔 AK-1 金刚石矿床属于澳大利亚超大型金刚石矿床，也是世界上最大最富的金刚石矿床。矿床位于西澳大利亚金伯利高原。澳大利亚西部的金伯利岩多不含矿，而钾镁煌斑岩岩筒多数也不含矿，有工业意义的只有阿盖尔 AK-1 号、埃伦代尔 E1-4 号和 E1-9 号。阿盖尔

AK-1 钾镁煌斑岩岩筒位于库努纳拉镇以南 120 千米处，岩体为橄榄钾镁煌斑岩，含斑晶橄榄石 10% ～ 25%，小斑晶金云母 15% ～ 30%，其中金刚石达 7%。基质由金云母及少量镁钛矿、榍石、钙钛矿和磷灰石等组成。岩筒呈不规则状位于河谷的底部，由于钾镁煌斑岩比砂岩和石英岩围岩软而被剥蚀，斯摩克河和莱姆斯通河冲积砂矿的金刚石均直接来自 AK-1 岩筒的剥蚀。西澳大利亚中新世的钾镁煌斑岩火山活动由东北向西南迁移，主要有 4 个群：利奥波德活动带东南的大泉群、伦纳德陆朋里的埃伦代尔群和玛格雷特台地南侧卡文尼亚达群和菲茨罗伊地槽中的农坎巴群。AK-1 岩筒矿石储量约为 6100 万吨，平均品位 6.8 克拉 / 吨，金刚石储量 4.148 亿克拉，超过世界上原来最富的金伯利岩筒——刚果的杜捷列岩筒 3 ～ 4 克拉 / 吨的品位。

朱瓦能金刚石矿床

朱瓦能金刚石矿床是博茨瓦纳超大型宝石级矿床，位于博茨瓦纳首都哈博罗内以西 125 千米处。大地构造位置处于南非地台大型坳陷（卡拉哈里台向斜）和大型隆起罗德西亚 - 开普瓦尔地盾或称津巴布韦 - 德兰士瓦地盾的交接地带，产于卡拉哈里金伯利岩区朱瓦能岩田内。

朱瓦能地区元古代地台盖层为芬特斯多普系和德兰士瓦系，前者由流纹质火山碎屑岩、页岩和砂岩组成，后者为夹有厚层硅质白云岩层的页岩组成。显生宇地台盖层为卡拉哈里系，由下往上为硅结砾岩、钙结砾岩，地表为风成砂，总厚 30 ～ 50 米，地台盖层产状平缓。区内中生代金伯利岩发育，且均为隐伏筒状岩体，已知的 7 个岩筒构成朱瓦能金伯利岩田。金伯利岩筒侵入前寒武纪德兰士瓦系各种岩石以及年龄为26亿年的哈博罗内花岗岩和正长岩中。

朱瓦能矿的岩筒面积约为54万平方米，由3个舌形矿体和一个盲矿体构成，在近地表处有3个岩筒连在一起。岩筒上部的金刚石品位最高，为198.4克拉～265.9克拉／百吨。朱瓦能矿山于1982年8月建立，自1995年以来年产均在1000万克拉以上，宝石级金刚石达60%。露天采坑长2.4千米，宽1.6千米，采深达300米，勘探深度为1000米，350米以下转至井下开采。矿山采、选一条龙，机械化程度高。

普列米尔金刚石矿床

普列米尔金刚石矿床是南非超大型金刚石矿床，属于南非最大的金伯利岩岩筒。矿床位于南非比勒陀利亚市东北33千米处。在附近400多平方千米范围内，共发现18个金伯利岩筒。普列米尔岩筒发现于1902年，面积880米×550米，含金刚石0.5克拉／吨。1903年以来，开采从未间断，已采出的金刚石超过1.2亿克拉。以产出3106克拉的浅蓝色名贵巨钻库里南和599克拉的百年钻而闻名于世。该岩筒侵位于元古宇，同位素年龄为11.8亿年。

瓦房店金刚石矿床

瓦房店金刚石矿床是中国最大的金刚石原生矿床，位于中国辽宁省瓦房店市。处于中朝准地台北缘，胶辽台隆复州台陷复州－大连凹陷区内的郯庐断裂的东侧，北北东向金州断裂的上盘。矿床由3个岩筒组成，属火山通道下部或根部相。金伯利岩具凝灰状、角砾状、砾状、块状构造，斑状碎屑结构，同位素年龄 3.41 亿～ 4.63 亿年，属加里东构造旋回的产物。金伯利岩的主要造岩矿物有橄榄石、金云母，副矿物有金刚石、镁铝榴石、铬尖晶石、钛铁矿，蚀变矿物有金云母、蛇纹石、方解石等。具有找矿意义的矿物为含铬镁铝榴石、镁铬尖晶石、铬透辉石、镁钛铁矿。金刚石以八面体、十二面体和八面体十二面体聚晶为主，晶形完整度达 70% 以上，以无色、黄色为多，包裹体含量 20% ～ 30%，几乎全部为石墨包裹体。金伯利岩含矿性中等，但其质量为最佳，在世界享有盛誉。探明储量 1200 万克拉。

金伯利金刚石矿床

金伯利金刚石矿床是世界上最早发现的超大型金刚石矿床，位于南非金伯利城附近。该区域分布有较多的粗玄岩岩脉和岩墙。1870 1891 年间，共发现 95 个金伯利岩体，其中 43 个含金刚石。经过勘查，13 个具有经济价值，其中 5 个规模较大：①金伯利岩筒。面积 300 米 ×150 米，含金刚石 0.35 克拉 / 吨，至 1993 年已采出金刚石 2100 万克拉，现已闭坑，开采深度达 1075 米。②戴贝尔斯岩筒。面积 330 米 ×210 米，含金刚石 0.4 克拉 / 吨，1993 年已采出金刚石 2850 万克拉。③杜托依斯潘岩筒。面积 793 米 ×245 米，含金刚石 0.3 克拉 / 吨，至 1993 年已采出金刚石 2150 万克拉。④韦瑟尔顿岩筒。面积 542 米 ×210 米，含金刚石 0.25 克拉 / 吨，至 1993 年已采出金刚石 1900 万克拉。⑤伯尔特方丹岩筒。为一直径 300 米的圆形，含金刚石 0.18 克拉／吨，至 1993 年已采出金刚石 1800 万克拉。其他岩筒向下变小，品位变贫。岩筒侵位于白垩纪，同位素年龄为 8600 万～ 9400 万年。

玉石矿床

玉石矿床是自然界产出的美观、耐久、稀少的，符合美术工艺要求的，一种或数种矿物集合体（岩石）的矿床。自然界产出的各种成因不同的岩石有上千种，但只有极少的（十几种）岩石才可作为玉石。玉石须具有质地致密细腻、坚韧温润、光洁如凝脂、颜色美等特性，并有一定硬度。玉石一般不透明或半透明。其分布上虽比宝石多，但依然稀少，仍属珍贵。玉石包括高档的翡翠、软玉，中低档的绿松石、青金石、芙蓉石、欧泊、玛瑙、蛇纹石玉、玉髓、木变石、虎睛石、独山玉、石英岩玉等。国际上统称的玉是专指翡翠和软玉，其他玉雕石料则统称为玉石。玉的矿床都产于接触变质岩和区域变质岩中，其中软玉是由纤维状透闪石和阳起石组成的，与花岗岩和镁质大理岩接触带的热液交代作用有关。硬玉（翡翠）是由超基性岩，其次是碱性岩，在强构造应力带中交代变质而形成的。少数玉石与风化淋滤作用有关。翡翠主要产在缅甸，软玉主要产在中国，俗称"和田玉"。玉石可用来制作普通工艺品，也可和贵重的宝石搭配使用，组成器件，如某些高大建筑和纪念碑用玉石来装饰。中国北京火车站、人民大会堂都使用了玉石高级砌面材料。有些美丽、比较稀有、坚硬的玉石（玉）也可制作首饰和高档工艺品，如翡翠和软玉等。

第 6 章

宝石制品

宝石轴承

宝石轴承是用宝石等硬质材料制成的滑动轴承。宝石轴承在结构形式上主要分为通孔宝石轴承、端面宝石轴承和槽形宝石轴承 3 种。主要用于仪器仪表中。仪器仪表轴承承受载荷很小，但要求旋转精度高、灵敏度好、使用寿命长。宝石具有摩擦因数小、硬度高、耐腐蚀、热膨胀系数小及抗压强度高等性能，能满足仪器仪表轴承的使用要求。制作宝石轴承的材料有刚玉、玛瑙、微晶玻璃等。刚玉是氧化铝的晶体，有天然的和人造的。天然刚玉杂质较多，质地不匀，故人造刚玉应用最广。玛瑙是一种天然矿物，但常含有杂质，需要去除混有杂质条纹的部分，

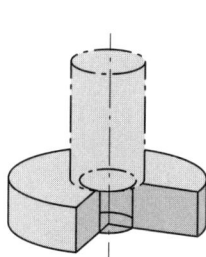

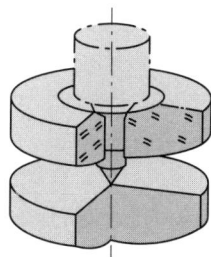

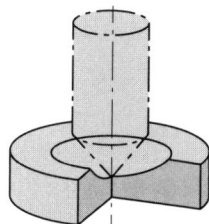

a 通孔宝石
轴承

b 端面宝石
轴承

c 槽形宝石
轴承

宝石轴承的结构类型

材料利用率较低。微晶玻璃是一种玻璃态的结晶材料。用微晶玻璃制造轴承工艺简单、成本低，有广泛应用的前景。但它承载能力较低，制造时不易保证精确的尺寸，因此不适合制造精度要求高的轴承。

红宝石放大器

红宝石放大器是以红宝石作增益介质的功率放大器。通常情况下，采用泵浦能量较高的脉冲氙灯进行激励，红宝石放大器可以在较低重复频率下运转；在某些特殊场合下，采用连续光源进行激励，实现连续运转。在红宝石放大器放大的过程中，能量从 2A 能级转移到 E 能级。E 和 2A 能级之间的弛豫时间为 1 纳秒或者更短。当入射脉冲宽度大于 1 纳秒时，E 和 2A 能级处于热平衡状态，入射脉冲可以从这两个能级提取能量；当入射脉冲宽度远小于 1 纳秒时，E 和 2A 能级之间不会发生热能转化，入射脉冲只能从 E 能级提取能量。

大多数激光放大器只能放大近红外线，而红宝石放大器可以放大可见光，所以在动态全息、激光医学等方面极具吸引力。红宝石荧光寿命较长、泵浦吸收带较宽，能够高效地利用氙灯发射的泵浦能量。但由于其能级结构属于三能级系统，器件阈值高，应用远不及钕玻璃、掺钕钇铝石榴石等四能级放大器广泛。

红宝石激光晶体

红宝石激光晶体是以铬离子（Cr^{3+}）为激活离子，以 α- 氧化铝（$\alpha\text{-}Al_2O_3$）晶体作为基质材料的激光晶体。红宝石激光晶体为三方晶系，熔点 2050℃，莫氏硬度为 9，密度 3.9～4.0 克/厘米³，折射率为 1.762～1.778，常温下热导率为 40 瓦/（米·开），光学上属于负单轴晶体，红宝石晶体中 Cr^{3+} 的特征吸收峰波长处为 406 纳米和 550 纳米，分别对应 4A2→4F1 和 4A2→4F2 跃迁。

生长红宝石的方法有很多，如温度梯度法、水热法、提拉法、导模法、光学浮区法、泡生法、热交换法等。其中：①温度梯度法。能生长大尺寸的红宝石晶体，夹杂物呈漏斗状分布，晶体中部和末端纯度较高，Cr^{3+} 在晶体中的浓度呈有规律的分布，Cr^{3+} 沿径向和生长轴的方向均逐渐增加。②水热法。生长的红宝石晶体外形呈扁平厚板状，晶体内部一般较为洁净，仅有少量包裹体，如气泡群、流体包裹体、指纹状包裹体、固体粉末、平直生长纹理。③提拉法。常见的红宝石晶体生长方法之一，但由于 α-Al_2O_3 熔点较高，铱金坩埚容易被氧化，在晶体中形成铱金的包裹物，影响晶体质量。④导模法。具有生长速度快、尺寸可以精确控制、加工程序简单等优点，主要用于生长特定形状，如片、丝、管、棒、板等现状的晶体，生长条件控制要求严格，模具会给熔体造成污染，晶体缺陷较多，晶体质量有待进一步提高。⑤光学浮区法。具有生长速度快、无须坩埚等特点，但是生长尺寸较小，仅适用于实验室研究阶段，难以形成规模化生产。

1960 年，美国《纽约时报》报道美国物理学家 T.H. 梅曼成功研制出世界上第一台红宝石激光器。红宝石激光器结构简单，是一个三能级激光系统，由泵浦源、红宝石晶体棒、两面反射镜组成的谐振腔 3 部分组成，跟应用最广泛的 YAG 激光器结构一致，是一种常见的大能量脉冲激光器。用于红宝石激光器的红宝石晶体中 Cr^{3+} 浓度一般为 0.05wt% ～ 0.1wt%，产生的是暗红色的 694.3 纳米光。红宝石激光器的效率虽然不高，在脉冲氙灯照射下的工作效率只有约 0.1%，但是由于荧光寿命长，可以很容易用机械 Q 开关把脉冲压缩到纳秒量级，脉冲功率可轻松突破兆瓦。红宝石激光晶体因其具有输出在可见光范围、线宽较窄、荧光寿命长、量子效率高、泵浦吸收带较宽、位置优越等特点，以及耐高温、坚硬、寿命长、热导率好、化学性质稳定等优良的物理化学性能，在通讯、工业、军事、医疗器械等领域具有重要的应用。

掺钛蓝宝石激光器

掺钛蓝宝石激光器是以掺钛蓝宝石为增益介质的一种固体激光器，简称钛宝石激光。激活离子为掺钛蓝宝石中的三价钛离子（Ti^{3+}），激光工作波长可覆盖 660 ～ 1100 纳米范围，最强的发射峰波长在 800 纳米附近，吸收带位于 400 ～ 600 纳米，峰值吸收在 490 纳米附近。钛宝石激光器的激光上能级寿命较短，只有 3.2 微秒，用闪光灯泵较困难，通常用氩离子激光、Nd:YAG 倍频激光泵浦。掺钛蓝宝石是优秀的宽带可调谐激光晶体，具有优良的光学性能和热效应，机械加工能力强，并可以生长出 200 毫米以上的大口径晶体。因此，掺钛蓝宝石激光器是最重要的激光器之一，在科研、工业和医疗等领域具有重要应用价值。

采用克尔透镜锁模技术，掺钛蓝宝石激光器可直接输出脉宽短至 6.5 飞秒的激光脉冲，这是所有激光器中从谐振腔直接输出的最窄激光脉冲。采用调谐技术，掺钛蓝宝石激光器可以获得 660 ～ 1100 纳米范围内调谐输出。

掺钛蓝宝石激光器可以获得超强超短激光输出。国际上在建的峰值功率最高达到 10 帕瓦量级的飞秒脉宽超强超短激光主要是基于掺钛蓝宝石激光器，商用的超强超短脉冲激光的产生也主要是基于掺钛蓝宝石激光器。

蓝宝石衬底

蓝宝石衬底是通过蓝宝石单晶晶锭的生长并加工成为半导体所使用的衬底材料。蓝宝石衬底的主要成分是氧化铝（Al_2O_3）。通常，氮化镓（GaN）基材料和器件的外延层主要生长在蓝宝石衬底上，如蓝光和绿光发光二极管（LED）。使用蓝宝石作为衬底，是 GaN 材料的偶然选择，蓝宝石和 GaN 体系材料有着很大的晶格失配和热失配，但是经过科研人员的不懈努力，最终实现了蓝宝石上高性能的氮化物 LED 生产。蓝宝石衬底经过多年的发展，又逐渐演变出蓝宝石图形衬底和蓝宝石纳米图形衬底等新的概念。

蓝宝石衬底的优点主要有：①生产技术成熟，器件质量较好。②稳定性很好，能够运用在高温生长过程中。③机械强度高，易于处理和清洗。蓝宝石衬底存在的问题主要有：①晶格失配和热应力失配，这会在外延层中产生大量缺陷，同时给后续的器件加工工艺造成困难。②蓝宝石是一种绝缘体，无法制作垂直结构的器件。③只能在外延层上表面制作 N 型和 P 型电极。在上表面制作两个电极，造成了有效发光面积减少，同时增加了器件制造中的光刻和刻蚀工艺过程，使材料利用率降低、成本增加。④由于 P 型 GaN 掺杂困难，普遍采用在 P 型 GaN 上制备金属透明电极的方法，使电流扩散，以达到均匀发光的目的。但是，金属透明电极一般要吸收 30%～40% 的光，同时 GaN 基材料的化学性能稳定、机械强度较高，不容易对其进行刻蚀，因此在刻蚀过程中需要专用的设备，这会增加生产成本。⑤蓝宝石的硬度非常高，在自然材料中其硬度仅次于金刚石，但是在 LED 器件的制作过程中却需要对它进行减薄和切割（从 400 微米减到 100 微米左右，同时要将芯片切割为微米量级的长方形或者正方形）。专用的减薄和切割工艺设备也要增加投资。⑥蓝宝石的热导率不高，大功率 LED 器件传导出的大量热会产生热集聚效应，导致器件性能下降和寿命减少，为此可以采用专用的工艺，如激光剥离工艺将蓝宝石层去掉，外延层键合到热导率更好的材料，如硅或金属上，从而改善导热和导电性能。

蓝宝石衬底是氮化物 LED 的首选衬底，并发展出一系列的技术来解决相关的材料问题，最终使得蓝光和绿光 LED 实现了产业化，形成半导体照明产业。2014 年，日本科学家赤崎勇、天野浩，以及美国加利福尼亚大学圣巴巴拉分校的美籍日裔科学家中村修二，由于发明的一种新型高效节能光源——蓝色发光二极管，获得了诺贝尔物理学奖。

清宫百宝嵌

清宫百宝嵌是中国清代宫廷用象牙、翡翠、宝石、玛瑙等珍贵材料镶嵌而成的器物。因作品色彩缤纷、光怪陆离，故名百宝嵌。明嘉靖（1522～1566）、万历（1573～1620）年间在苏州、扬州地区已十分盛行，清代宫廷中的百宝嵌制造很精致。宫廷内的造办处镶嵌作从苏州、扬州、广州等地征调能工巧匠，按皇帝意愿制造各种百宝嵌，工艺要求严格。各工种间要求相互配合，金属需冶铸、锤、錾刻；玉、玛瑙、青金、翡翠、宝石需琢磨；象牙、犀角、玳瑁需精雕细刻；漆的配料、调色和髹饰则需专门的技能。百宝嵌是一项具有综合性特点的复合工艺美术品，以其绚丽的色泽、多姿的神态、豪华的装饰效果，在宫廷中被格外青睐。

宫中的百宝嵌应用范围广泛，常见的有盒、匣、奁、文房用具、插屏、挂屏、屏风、陈设品以及衣箱、立柜等。制造方法可概括为3种：①平脱法。镶嵌的物体与器物型体表面呈水平状态，不露镶嵌的痕迹。这类作品较少见，是由传统平脱漆器演绎来的。②隐起法。镶嵌的物体浮起于型体表面，呈浅浮雕效果。这类作品流行广泛，是百宝嵌中最常见的一种。③起突法。镶嵌的物体突起，部分伸展到型体外面，形成立体效果，别具意境。

清宫中的百宝嵌，除造办处制造外，许多作品由苏州、扬州、广州等地方官吏进贡，部分作品由宫廷中画样，交由地方承做。题材内容广泛，多是寓意吉祥长寿的图案，如蔬果图，题材清新，用松石、玛瑙、珊瑚、象牙、螺钿嵌作莲藕和莲蓬，被

清代百宝嵌花鸟二层长方盒

切断的乳白色藕片露出蜂窝状的藕心，似饱含汁液，诱人喜爱。黄花梨木百宝嵌大立柜高逾丈余，用多种珍贵材料嵌作"献宝图"，人物众多，有戏狮、乘骑、执宝行进等，场面宏伟壮观，充分展现出百宝嵌工艺的富丽豪华。但有些作品由于一味追求华丽，显得臃肿不堪。

清宫盆景

中国清代宫廷中以金银、珠宝、翡翠、珊瑚、玉石和玛瑙等贵重材料制作的点景，配以金银、珐琅、玉石、雕漆和镶嵌等工艺制作的盆，二者合为一体，称为盆景。

中国盆栽始于晋代。在唐代章怀太子李贤墓墓道壁画中即绘有盆栽花卉。宋代的树桩盆景造型已相当精巧。明清两代盆栽技艺更加发展。特点是在有限的范围内表现出较幽深的自然景致。后经康乾盛世，社会物质丰富，文化艺术繁荣，出现了用贵重的材料雕刻镶嵌而成的盆景。

清宫盆景大部分是由内务府造办处的镶嵌作制作的，其点景多用特定题材，通过象征、寓意、谐音来投人喜好。点景中的树木多用松柏，花卉多用梅、兰、竹、菊、牡丹、荷花，也有以楼、台、亭、阁、人物为主题的盆景。同时，在景中还点缀有象、鹤，蝙蝠、鹿等。前一类取其象征刚强、长寿，后一类取其谐音"福""禄"。如"掐丝珐琅太平有象"盆景，主体是一头高大威严的象，躯体粗壮，象背施鞍，上面放置一个尊形景泰蓝花瓶，花瓶中插有万年青，象征"太平有象，万年常青"。用翡翠制作的盆景竹子，则象征君子、贤人，寓"明主得贤臣"之意。染牙水仙花盆景，配白玉镶嵌红宝石菊花式盆，清秀典雅，寓来年吉祥如意。

清代宫廷内遇有皇太后、皇帝庆寿，皇帝大婚等事，大臣和各地官员要向皇帝和皇太后进献礼品，盆景是主要礼品之一，如点翠子孙万代盆景和群仙祝寿人物大盆景等。其中福禄寿三星盆景更为多见，它是用几千颗红蓝宝石、珍珠等贵重材料镶嵌而成，三位寿星，身着古装，意态闲雅，并缀有蝙蝠、梅花鹿、仙桃，寓意"福禄寿"，三星的背后衬

金漆梅花树八仙过海槎形盆景

有用金、珠、翠制作的松、竹、梅岁寒三友，并配金累丝嵌珠宝盆。

材料高贵、做工细致、装饰富丽的各式盆景，不仅是宫廷中贵重的摆设，也是帝后贵族间贡献、赏赐及馈赠的礼物。

图坦哈蒙黄金棺盖

图坦哈蒙（又译图坦卡蒙）黄金棺盖是古埃及第 18 王朝法老图坦哈蒙棺最内层的人形金棺棺盖。1922 年，H. 卡特和他的资助者 G.S.M. 卡那封伯爵（第五）在帝王谷的第 62 号墓发现了图坦哈蒙陵宝藏，黄金棺盖是其中最为精美的艺术品之一。金棺通长 187.5 厘米，以厚 0.3 厘米的金薄板制成，外镶多种宝石的棺盖重 110.4 千克，约制成于公元前 1327 年。现藏开罗的埃及博物馆。

黄金棺盖内部为图坦哈蒙的木乃伊，外部还有两个人形棺。三具人

形棺都被放置在一个长方体石棺内。棺盖表面刻着法老被包裹在绷带中的木乃伊形象，并用镶嵌的石英、绿松石、红玉髓、青金石等宝石组成身上的饰物。头巾通过在面罩上镂刻线条的方式刻画出，额前的额饰由秃鹫和眼镜蛇两种形象组成，它们分别是上埃及守护神奈赫贝特和下埃及守护神瓦吉特的化身，象征两位女神对法老的保护，下巴以仪式性假须装饰。脖戴宽领饰和两条项链。其交叉的双臂逼真生动，以模仿奥赛里斯神手持权杖和连枷的形象，表示法老死后依然能够行使统治埃及的权力。在棺盖中部，奈赫贝特、瓦吉特分别化身为秃鹫头、眼镜蛇头的鸟，张开双翼遮盖法老身躯的腹部和部分手臂。

组成棺盖饰物的宝石历数千年之久仍光彩夺目。双鸟之下的伊西斯和奈芙西斯女神形象直接刻于黄金薄板上，雕刻十分细致。图坦哈蒙未佩戴饰物的部分刻着细密的"V"形波浪

图坦哈蒙黄金棺盖

图案，这是为了营造出他被裹在羽毛斗篷中的视觉效果，以象征天空女神努特对他的保护。

波特兰花瓶

波特兰花瓶是古罗马时期宝石玻璃制品。约制作于公元 1 世纪初，是古罗马时期的重要文物之一。高约 25 厘米，中围约 56 厘米。现藏大

英博物馆。

制作方法来源于罗马帝国早期至公元 50 ～ 60 年兴盛的宝石浮雕刻法。先将深蓝色的玻璃器皿吹制成形，尚未冷却时浸入高温白色熔融玻璃液中，形成不透明的白色表层，然后将两者吹合为一。待冷却后，雕刻师依照设计图样在表层上进行切割，即可在底色上形成浅浮雕状的白色装饰图案。

装饰图案位于瓶体中下部，由两组浮雕组成。在第一组浮雕中，一位年轻女子坐在树下，回首与一位正在向她走来的青年男子执手相望。一条竖直的蛇靠近女子的身体一侧，站立旁边的老人看着眼前的这一幕，似在低头思忖。女子的头顶上方飞翔着的是希腊爱神埃罗斯。第二组浮雕中，中间有一位女子斜倚在椅子上，两侧分别坐着一位青年男女并凝视着她。长期以来，对这些图案的内容和意义有多种解读，大部分历史学家都认为花瓶上的故事反映的是希腊神话传说。

波特兰花瓶不仅因为其繁复的制作工艺和精美的装饰图案而闻名于世，其传世经历也具有神秘色彩。据推测，波特兰花瓶被发现于亚历山大塞维鲁皇帝的墓室，后经多次辗转。1601 年作为意大利蒙特大主教的收藏品而首次出现在历史文献中。1786 年被英格兰第三代波特兰公爵收购，并因此而得名。1810 年第四代公爵将花瓶寄放于大英博物馆。1845 年被意外打碎，经修复后重新展览。1945 年大英博物馆从第七代公爵手中购得此花瓶并收藏。

波特兰花瓶造型和装饰都呈现出严谨的古典艺术风格，代表了古罗马宝石玻璃工艺的最高水平。维多利亚时代，欧洲出现了很多波特兰花瓶仿制品，以 J. 威基伍德复制的碧玉炻器版最为知名，成为现代设计萌芽阶段艺术与技术相结合的杰出代表。

圣遗物箱

圣遗物箱是中世纪欧洲与拜占廷艺术中最典型的工艺美术品类，主要用来安放、保存或展示基督教圣者遗物或骸骨的容器，又称圣物箱、圣骨匣。在宗教文化发展中，圣物一直具有重要的地位与作用，在基督教、佛教、东正教以及其他宗教中均受到尊崇。圣遗物箱作为储存圣物的盒子，是基督教文化的重要组成部分，最早使用可追溯至公元 4 世纪。圣遗物箱与佛教中的小型"舍利塔"的功能与作用相似，多供奉于神龛、教堂之中。因设计轻便，具有可携带性，在圣日活动中游行、展示，供信徒朝圣使其获得祝福。

怀着对保存圣物的崇敬，人们以高超的制作工艺和艺术性制作圣遗物箱。圣遗物箱的制作材料多种多样，尤其以金属制作并以宝石、象牙、珐琅、玻璃等材料加以装饰的作品最为精美。其中，象牙被广泛应用于圣遗物箱的浮雕装饰中，其纯洁的白色代表了圣物的神圣地位。造型主要有

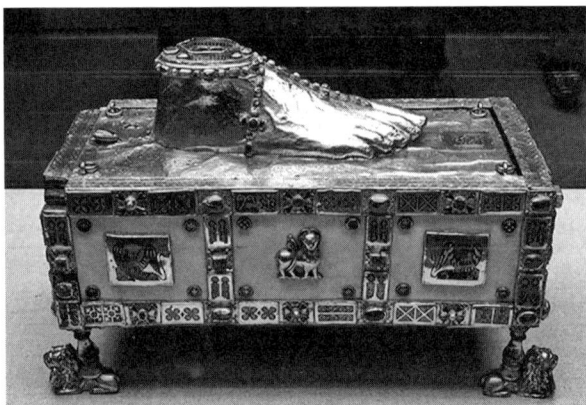

圣安德鲁祭坛

三种：建筑形、人物形、动物形。其中建筑形的较常见，较为典型的形式是带有坡屋顶的教堂形，一般分为中世纪拜占廷式、哥特式和罗马式。12～14世纪，教堂形式的圣遗物箱比较流行，木构架上面钉着镀金铜饰板，装饰着淡紫色的珐琅。有代表性的圣遗物箱有圣安德鲁祭坛、科隆的三王祠等。

16世纪，随着欧洲宗教改革的深入，对圣徒以及圣物的狂热追捧日益减弱，许多圣遗物箱遭到破坏，但制作圣遗物箱的工艺技术与使用圣遗物箱的惯例则一直延续至今。如今，圣遗物箱多藏于世界各大博物馆及知名教堂中，用以满足对宗教文化艺术的展示与研究，同时依然在重大宗教节日活动与游行中供信徒朝圣。

胸 针

胸针是一种佩戴在胸前或领子上的饰品。广义的胸针包括别针、插针、胸花以及领带夹等。又称胸花。使用搭钩别在衣服上。一般为金属质地，上嵌宝石。可以用作纯粹装饰或兼有固定衣服（长袍、披风、围巾等）的功能。胸针常与戒指、项链一起，制成三件套装首饰，也可与耳环、戒指、项链一起，制成四件套装首饰。这类套装首饰用料讲究，色彩明快，造型别致，可在婚礼，宴会等特定场合使用。

胸针流行的款式主要分为：①大型胸针。其长度或直径约为5厘米，图案比较复杂，多嵌有天然宝石或人造宝石。②小型胸针。其长度或直径仅为2厘米左右，除了可以在胸前部位使用外，还可在领口、驳领口使用，又称襟头针、领针。它的体积小，花样也较为简单，多为独枝花朵，也有采用十二生肖的动物造型。结构上，大型胸针都有一层丝或片的托架，而小型胸针没有。

胸针属于多种用途的首饰。胸前佩戴一枚精巧而醒目的胸针，不仅可以引人注目，给人以美感，而且可以加强或削弱外观某一部位的注意力，达到使衣服和首饰相得益彰的审美效果。胸针搭配：①根据服装搭配。胸针的质地、颜色、佩戴的位置需要考虑与服装的配套与和谐。通常，穿西装时可以选择稍微大些、材料较好、色彩纯正的胸针。穿衬衫或薄羊毛衫时，可以佩戴款式新颖别致、小巧玲珑的胸针。②根据季节搭配。因季节的不同，选用的胸针也要有所不同。夏季宜佩戴轻巧型胸针，冬季宜佩戴较大的款式精美、质料华贵的胸针，而春季和秋季可佩戴与大自然色彩相协调的绿色和金黄色的胸针。③佩戴位置。佩戴胸针的位置也有讲究，一般穿带领的衣服，胸针佩戴在左侧；穿不带领的衣服，则佩戴在右侧；头发发型偏左，佩戴在右侧，反之则戴在左侧；如果发型偏左，而穿的衣服又是带领的，胸针应佩戴在右侧领子上。胸针的上下位置应在第一及第二纽扣之间的平行位置上。④根据场合搭配。胸针虽然一年四季都可以佩戴，但一般平时不使用，只是在一些典礼、喜庆宴会等正式场合才佩戴。这时佩戴胸针，年轻人显得更加年轻有活力，中、老年人显得很高贵、典雅。

金色胸针

耳　饰

耳饰是戴在耳朵上的饰物，包括耳环、耳坠等。在古亚述，长长的耳坠是地位显赫的象征。罗马勇士在一只耳朵上戴耳环，作为标记和装饰物。希腊人发明耳罩，即用一片金叶制成小囊，上面镶珍珠，将整个耳轮遮起来。在埃及、马里等处，耳饰的形状通常是带环的小水桶或篮子，环穿过耳坠。在印度，几乎所有人都佩戴耳饰，以表明地位、财富、婚姻状况等。欧洲文艺复兴时期，意大利等地妇女戴单颗的金银或珍珠耳饰。18 世纪后，欧洲女性佩戴耳饰成为时尚，耳饰多做成花形，镶嵌珠宝，制作精美。当今法国和意大利的耳饰，标志着欧洲耳饰设计和制作的最高水平。

在中国，春秋以前贵族行戴冠之礼，冠之左右用绳在当耳处系一块称作瑱的玉石，有不使妄听的含意。瑱在汉代演化为珥与耳珰。珥仍如瑱。耳珰则穿耳孔而戴，式样为圆柱状，中间略细，下垂小铃或珠。汉以后，耳珰渐为耳环和耳坠所代替。北魏的耳坠，有用金丝编成，挂着小金片和金珠，长达 9 厘米。宋元明清时期，耳饰大为风行，自皇后至平民妇女都戴耳环或耳坠。耳环和耳坠做成花果形、鸟形、人形和各种动物形。材料有金、玉、珍珠和各种宝石。平民妇女也戴铜锡制的耳环。民国初年，西方耳饰传入中国，出现带耳夹装置的耳饰，有的耳坠还镶有钻石。现代的耳饰，一种用贵金属和珠宝制成，除美观外，有显示身份富贵的含意；另一种用铜、铝、塑料等材料制成，形状新奇，用以与时装搭配及表现佩戴者的个性。中国部分少数民族有戴耳饰的特殊风俗，如黎族妇女的耳环直径可大至 6 寸；瑶族男子戴耳环，是已婚的标志。

戒　指

戒指是用金属或玉石制成佩戴在手指上的小圆环，有标志、纪念、装饰等功能，又称指环、约指，俗称镏子。广泛流行于世界各地。下部封闭或半封闭，向上加宽加厚，上部最宽。多使用金、银、玉、翠等贵重材料，刻字、雕花或镶嵌宝石。

现存最早的戒指出土于古埃及坟墓。当时多印章戒指，戒面上刻有主人的姓名和头衔。在古希腊，人们注重戒指的装饰价值。古罗马人用戒指体现主人的社会地位：大贵族佩戴金戒指，其他人佩戴铁戒指。古罗马的结婚戒指是一种印章戒指，表示妻子有权封存家庭财产。后来，基督教信徒中有教会戒指，象征佩戴者与教会的结合，以及表示教会职务的庄严。在西方历史上还有过纪念戒指、神秘戒指、有毒戒指。总的来说，身份象征和婚姻象征是西方传统中戒指的两个主要功能。在其他地区，西域的大宛国用戒指作为聘礼；南亚次大陆曾流行以钻石戒指作为外交礼物的风俗——428 年，天竺迦毗黎国国王派遣使者送给中国的礼物中就有一枚"金刚指环"，即钻石戒指。

考古发掘证明，中国在春秋时期已有戒指。据汉代《毛诗故训传》和《五经要义》记载，上古宫中嫔妃分别佩戴金、银戒指以示是否怀孕，能否为君王侍寝。秦汉时期戒指广泛流行。长沙汤家岭出土西汉银戒指三枚；长沙五里牌出土东汉金戒指十枚，其中有四枚镶嵌绿松石，非常精美。此后，戒指作为装饰品，常被情侣们用作爱情信物，深受世人喜爱。

在现代，由于文化交流，不同民族和地区的人们使用戒指的习俗出现一体化趋势。在西方文化传统的影响下，订婚仪式上，男方向女方赠送订婚戒指。婚礼上，男女双方交换佩戴结婚戒指，以示对爱情忠贞不渝。在银婚、金婚、钻石婚等结婚周年纪念仪式上，夫妻互赠戒指以作纪念。

比较正规的佩戴习惯是：食指佩戴，表示正在求婚；中指佩戴，表示正在恋爱；无名指佩戴，表示已订婚或结婚；小指佩戴，表示独身。拇指一般不戴戒指。不过，把戒指当作纯装饰品任意佩戴的现象普遍存在，同时佩戴几个戒指的也不罕见。

项　链

项链是用金银、珠宝等制成的挂在颈上的链条形状的首饰，是人体的装饰品之一，是最早出现的首饰。项链除了具有装饰功能之外，有些项链还具有特殊显示作用，如天主教徒的十字架链和佛教徒的念珠。项链一般由链条、搭扣和坠子组成。坠子作为项链的组成部分，由金银、珠宝加宝石、象牙、玉、翡翠等相配不同材料制作，如鸡心琐片，鸡心照合及抽象的几何图形挂件。

主要品种有：①无宝链。是纯粹的贵金属材料制作的项链，其特点是整条链一般仅由一种花纹式样重复连接而成。主要款式：马鞭链、单套链、双套链、S形链、串绳链、牛仔链、方丝链等等。②花式链。是由两种以上不同式样的链条或花片拼接而成的项链，一般都镶嵌有宝石。主要款式：镶钻链、镶宝链、蛋形花边链、福寿链、圆管链、镶珠链、子母链等。

魏晋白玉衮带鲜卑头

魏晋白玉衮带鲜卑头是中国魏晋时期代表性玉器。带头以纯白色的玉料精琢，长9.5厘米、宽6.5厘米。现藏上海博物馆。

四周以实边为框，带头的前端已残失，略呈长方形。框3边钻有缝缀用的小型穿孔，边略显内弧；中部是高浮雕呈匍匐状的龙形瑞兽，长头、双角、有鬣毛、细长身躯，通身细鳞纹；现存3足、大爪，残损的右足根部保留羽翼状的装饰。龙身留有大小圆形的凹槽，原本用以镶嵌宝石。参考汉代、西晋所出土的多件同类金质带头，其制作显然是模仿自贵金属器具。背面平素，边框两侧残有刻铭，右行为"（前缺）庚午御府造白玉衮带鲜卑头其年十二月丙辰就用工七百"，左行为"（前

魏晋白玉衮带鲜卑头

缺）将臣范许奉车都尉臣程泾令奉车都尉关内侯臣张余"。据铭文的自名"白玉衮带鲜卑头"，其原应用于帝王穿着衮服时所用革带的带头。河南省洛阳市西朱村曹魏大墓石牌上亦刻有"衮带金鲜卑头"，可与之互证。玉鲜卑头由管理宫廷内务的御府督造，另有3位参与监督制作玉器的管理者的职官及爵位。

参照同时期金带头样式，玉带头前端圆弧，应该有一根短小的活动舌扣，用以约束另一侧穿过的革带。玉带头的主体纹饰保留清晰的双角

和细长的头部，细致刻画出的鳞片也表示是龙类母题，同见于台北故宫博物院收藏的一件汉代的玉带头、河南省洛阳市夹马营东汉墓所出土玉带头等。

由于鲜卑头所刻记载年代的文字部分残失，有关于其制作的确切年代，依据残存的"庚午十二月""丙辰"干支推测，有魏齐王曹芳嘉平二年（250）、西晋武帝泰始元年（265）、东晋废帝太和五年（370）及宋文帝元嘉七年（430）四类观点。从玉雕工艺的风格辨析，可能是曹魏或西晋时期制作。

金筐宝钿玉带

金筐宝钿玉带是中国初唐玉器，复原后长150厘米。1992年出土于陕西省长安县（今西安市长安区）南里王村窦皦墓（627年葬）。陕西省考古研究所（今陕西省考古研究院）藏。

此带由扣、4铐、8环、1扣眼、1蹀躞带尾饰及鞓组成。鞓为皮制，缇以丝绸，丝绸出土时已朽坏。环、铐、蹀躞带尾饰均以玉为缘，下衬金板，金板之下为铜板，三者以金钉铆合。金板均以鱼子纹为地，环下金板饰折枝忍冬，蹀躞带尾下金板饰团花纹，两旁附以折枝忍冬纹。纹饰均做成金筐，内嵌珍珠及

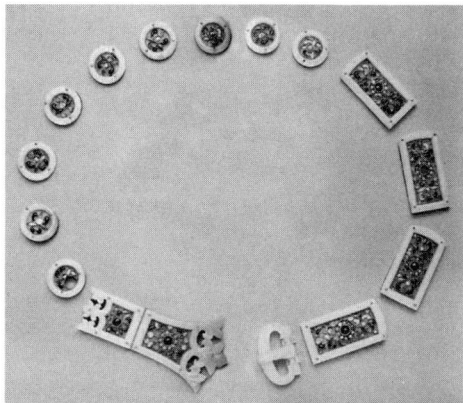

金筐宝钿玉带

红、蓝、绿宝石。造型精巧，装饰豪华，弥足珍贵。

带的不同形制可以表示不同的等级，《新唐书·舆服志》载："其后以紫为三品之服，金玉带銙十三；绯为四品之服，金带銙十一。"韩愈有诗"不知官高卑，玉带悬金鱼"，能用金玉带者，身份必定高贵尊崇。

玛瑙牛首杯

玛瑙牛首杯是中国唐代玉石器，高 6.5 厘米，长 15.6 厘米，口径 5.9 厘米。1970 年出土于陕西省西安市何家村。陕西历史博物馆藏。

以橙黄色夹乳白色的酱红色玛瑙制成，材料晶莹含光，天然的异色纹理贯彻杯身，其美丽断非刻意造作所能企及。杯体仿兽角，前端刻为牛头，有浓郁的写实风。牛的口部镶以可卸下的金帽（帽上有凹窝，原置嵌物），内有小透孔。当为 6 世纪后期至 7 世纪前期唐人制作的饮酒器，但造型受粟特器物影响。

唐代的优质玛瑙多得自外番，虽日本和渤海国都曾贡入，而更重要的来源却是西方，那时的西域诸国常常贡入玛瑙，既有器物，也有材料。

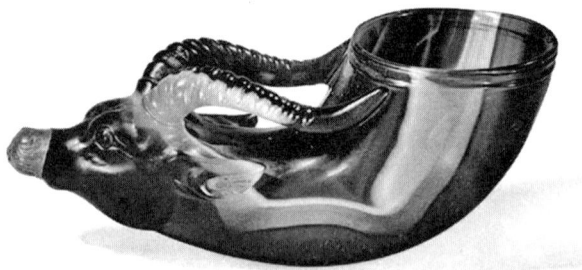

玛瑙牛首杯

第7章

宝石加工

将宝石原石加工为首饰、工艺品。宝石加工后所呈现的造型称为琢型，即宝石的款式。

◆ 琢型

琢型千变万化，常见的有凸面型、刻面型、珠型和异形四大类。

凸面型

又称弧面型或素面型。其特点是观赏面为一凸面（弧面）。根据腰形又可分为圆形、椭圆形、橄榄形、心形、方形、矩形、垂体形等琢型。根据截面的形状，又可分为单凸面、双凸面、空心凸面、凹面（凹面中可再镶一颗较贵重的宝石）。

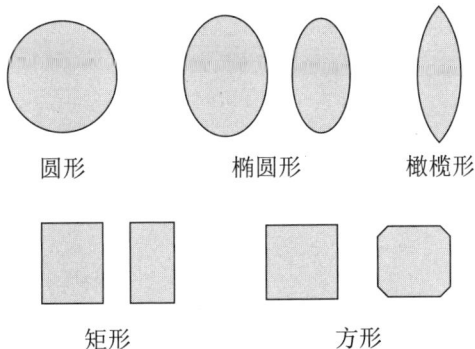

刻面型

又称棱面型、翻光面型。其特点是由许多具有

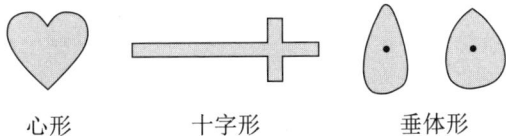

圆形	椭圆形	橄榄形
矩形	方形	
心形	十字形	垂体形

凸面型宝石的腰形

一定几何形状的小面组合而成，形成一个规则的几何多面体。属此类的琢型种类很多。其中最常见的有四种基本型式：①圆多面型。因其被广泛地应用于钻石，又称为钻石型。它主要由冠部、腰部和亭部组成。属此型的一些变型还有椭圆形、橄榄形、梨形、心形等。②玫瑰型。上部为多个规则的小面，下部为一个大而平的底面。形状优美似玫瑰，但对于"火彩"和亮度都不利，近代较少用。

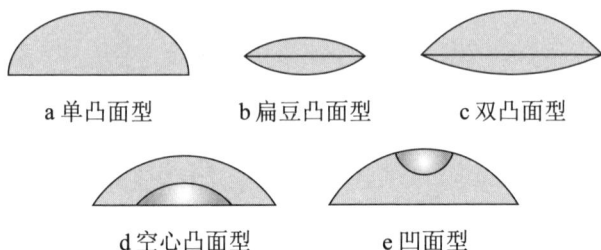

a 单凸面型　　b 扁豆凸面型　　c 双凸面型

d 空心凸面型　　　e 凹面型

凸面型宝石的常见琢型

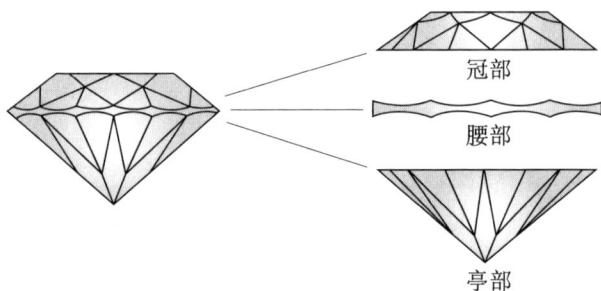

冠部

腰部

亭部

圆多面型琢型

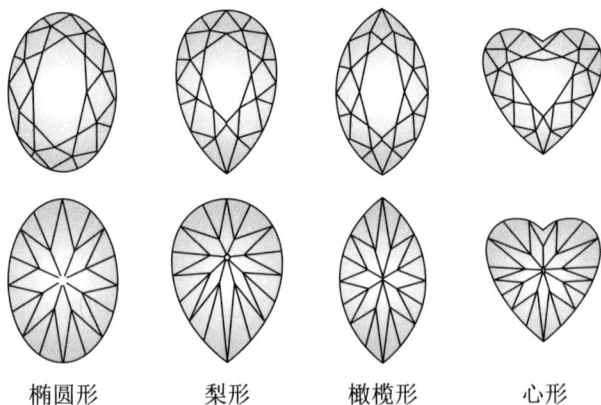

椭圆形　　　梨形　　　橄榄形　　　心形

圆多面型的一些变型

度都不利，近代较少用。③阶梯型。因常用于祖母绿的琢磨，又称祖母绿型。其特点是具有阶梯状的小面。④混合型。为上述各种形式混合运用的琢型。

珠型

用于制作项链、手链、耳坠、胸坠等首饰。根据珠的形态可分为球形珠、腰鼓形珠、柱形珠、水滴珠、刻面珠等。

异型

包括根据自己的喜爱及原石条件琢磨而成的自由形和基本上是原石形态的随形。款式的选择与宝石本身的性质和其具体存在状态有关。凸面型常用于不透明和半透明宝石和具有特殊光学效应（如星光、猫眼）的宝石。刻面型用于透明宝石，这种琢型有利于增强亮度、火彩和光的闪烁。

◆ 加工原则

宝石加工应遵循的原则是使宝石能够最大限度地表现出它的美和它的商品价值。①在加工中应尽可能地减少损失，保留最大的重量，这包括单个晶体的重量和成品的总量，对于贵重宝石尤其重要。②定向，宝石晶体具有各向异性，即性质随方向的不同而有所差异，而且每种宝石属于一定的晶系、晶类，即不论在其晶体内部的原子排列和它所具有的包括光学性质在内的各种物理性质都体现着它固有的对称性。因此，加工时必须按照该晶体本身的对称规律定向切磨，才能获得最佳效果。例如晶体的特殊光学效应星光、猫眼等，只有在定向切磨时才能显现。③科学地掌握宝石各部分大小、厚薄比例和精确地计算各刻面间的角度，为入射光创造良好的透射、折射、反射条件，使宝石获得更好的体色、亮度、闪烁和火彩。④妥善地消除、避开、掩蔽宝石的瑕疵（如包体、裂纹、裂理及其他缺陷）。⑤创造造型艺术美。宝石加工或称之为"切工"是宝石质量评价的标准之一。

宝石改善

宝石改善是宝石运用某种技术方法和处理工艺，改善宝石的外观（颜色、净度或特殊光学效应）、耐久性或可用性，从而提高宝石美学价值和商品价值的过程（不包括对宝石进行切磨、抛光、雕刻和镶嵌等加工方法）。

宝石改善可进一步划分为优化和处理两类。优化是指传统的、被人们广泛接受的各种改善方法，其可使珠宝玉石潜在的美显示出来，如热处理红宝石、浸无色油祖母绿，以及玉髓、玛瑙的染色处理等。属于优化的宝石在市场上出售和出具鉴定证书时，不必特别标识，如热处理红宝石可直接定名为红宝石。处理是指非传统的、尚未被广泛接受的各种改善方法，如染色处理翡翠、辐照处理蓝钻石、扩散处理蓝宝石、玻璃充填处理红宝石等。属于处理的宝石在市场上出售和出具鉴定证书时，必须特别标识，如红宝石（玻璃充填处理）。

宝石人工改善品的工艺要求：①美观。天然宝石的人工改善主要是改善其外观，使其更加美丽。一些质次的天然宝石经人工优化处理后，其潜在的美（主要为颜色和光学效应）得以充分展示。如产自斯里兰卡的一种半透明、乳白色刚玉，经还原条件下高温热处理后，转变为透明、颜色稳定且漂亮的蓝宝石。②耐久。人工改善应保持宝石的耐久性。主要是在改善处理的过程中，不改变宝石的晶格结构和主要化学成分，附加填充物的性质也要稳定。如热处理红宝石的颜色相对稳定，并不随佩戴时间的推移而发生明显的改变。但是。对改善宝石耐久性的判定尚无统一标准。③无害。天然宝石经人工改善后，其饰品对人体不产生任何伤害。特别是一些经辐照和染色处理的宝石。例如，明显带有放射性残余的辐照处理宝石饰品若在其半衰期内出售，会对人体造成不同程度的伤害，如致皮肤癌、人体造血障碍等。

宝石的优化处理方法很多，主要的优化处理方法有热处理、扩散处理（表面扩散或体扩散）、高温高压处理、辐照处理（附加热固色或退火处理）、裂隙充填、激光处理（含化学处理）、染色处理（含热固色处理）、涂覆、镀膜处理等。

辐照改色

辐照改色是利用 α 粒子、中子、γ 射线或加速器产生的带电粒子等高能射线辐照宝石，使其颜色发生改变的技术。天然宝石经辐照处理后，可使颜色由深变浅，浅色变艳，透明度差的变得晶莹通透，从而提高宝石档次，改善宝石品质。比较成功的宝石有钻石、托帕石、锆石、石英、绿柱石及珍珠等。中子、γ 射线辐照处理和高能电子束辐照处理是辐照改色普遍采用的方法。

根据对宝石致色的研究，其致色原因可归结为分散金属离子的存在、电荷转移现象、色心和固体能带的变化等。辐照可以很容易地从原

子中移去电子，

改变金属离子的

价态，利用辐照

时高能粒子与宝

石晶格原子的能

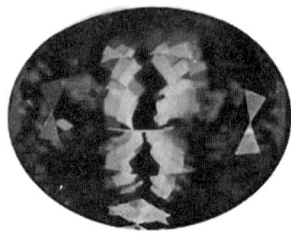

托帕石的辐照改色

量交换，也可能损坏晶体的晶格结构，如在晶体内产生大量的点阵缺陷——空位和位移原子，形成新的色心。因此，不同的致色原因都有可能被辐照改变，从而改变宝石的颜色。

解玉砂

解玉砂是宝玉石加工所用的磨料。现代宝玉石加工中，磨料技术也是重要的核心技术之一。以石英为主要成分的解玉砂，在距今9000年前的黑龙江小南山遗址出土的玉器上得到了较为成熟的使用，并在此后沿用数千年。20世纪末，考古发掘者首次从考古学研究角度证实了澳门黑沙玉石作坊遗址中所用的解玉砂为石英砂。此后，实验考古人员选用竹质、石质、麻绳等各类工具，辅以未经筛选的主要成分为石英的河滩砂，也成功地对闪石玉料开展了各类加工实验。石英莫氏硬度为7，与闪石玉硬度差异并不大，故而以石英为主要成分的解玉砂会使玉器表面微痕在放大观察后呈现出类似橘皮效应的坑坑洼洼的特征。至晚在殷墟晚商时期，殷商人采用了另外一种硬度更高的解玉砂，并且在加工玉器之前经过筛选，但是该砂采自何处，矿物成分如何，迄今尚不得知。

这种高硬度解玉砂在玉器表面所形成的微痕经放大观察，细腻、均匀且深刻。

解玉砂的使用，使其他玉器加工工具摆脱了硬度的束缚。闪石玉的莫氏硬度为 6.5，只要解玉砂的平均硬度不低于 6.5，便可以由其他工具携其进行玉器制作。

本书编著者名单

编著者 （按姓氏笔画排列）

于耀先	王登红	叶振寰	申俊峰
白　峰	冯钟燕	朱孝岳	孙希华
杜　鹃	李久芳	李国武	李胜荣
杨主明	杨景蕙	吴建藩	邱基斯
何明跃	何雪梅	余晓艳	余媛媛
汪　涛	汪正然	张　勇	张　健
张幼云	张泽宇	张悠然	陆太进
陈　彬	陈代璋	陈连山	尚　刚
罗谷风	季寿元	周丹怡	孟春舫
赵　永	赵兴玲	赵爱醒	段瑞飞
徐殿斗	翁玲宝	郭　颖	陶绪堂
梁玥琳	梁誉芳	韩　文	詹　颖
鲍　雪	潘兆橹	魏　然	